공간 사람을 모으다

공간 사람을 모으다

초판 1쇄 인쇄 2020년 1월 2일
초판 1쇄 발행 2020년 1월 7일

지은이 정승범

발행인 백유미 조영석
발행처 (주)라온아시아
주소 서울시 서초구 효령로 34길 4, 프린스효령빌딩 5F

등록 2016년 7월 5일 제 2016-000141호
전화 070-7600-8230 **팩스** 070-4754-2473

값 16,000원
ISBN 979-11-90233-39-2 (03540)

※ 라온북은 (주)라온아시아의 퍼스널 브랜딩 브랜드입니다.

SPACE

공간 사람을 모으다

정승범 지음

RAON BOOK

우리는 공간의 중요성을 경험하는 시대를 살아가고 있습니다. 우리 삶이 공간이 주는 감성과 스토리에 따라 강력한 영향을 받는다는 것을 인지하고 있기 때문입니다.

이것은 우리나라의 소득수준 향상 같은 문화적인 원인일 수도 있고 1인 가구의 증가 같은 사회적인 원인일 수도 있지만, 확실한 것은 현재 기업이든 가정이든 공공기관이든 모든 조직과 사람들이 좋은 공간을 만드는 데 관심을 가지고 있다는 점입니다.

우리가 원하는 공간은 사람이 찾아오며 오래 머물기를 즐겨 하는 공간일 것입니다. 그렇다면 어떻게 디자인하고 만들어야 우리가 원하는 공간으로 완성이 될까요?

그 해답은 이 책이 담고 있는 핵심 내용과 결을 같이하고 있습니다. 공간을 통해서 우리는 창의적인 삶을 살기도 하고 공간을 통해서 부를 축적하기도 합니다. 또한 자신의 개성과 비전을 공간에 담기도 하고 기업들은 홍보의 도구로도 공간을 사용하고 있습니다.

4차 산업의 도래를 축으로 모든 영역에서 기존의 메커니즘이 변화되는 것처럼 공간의 제작이나 사용도 변화되고 있습니다.

제가 디자인한 공간들이 사람들이 좋아하고 찾아오는 결과를 만들어내면서부터 어떻게 디자인하면 사람들이 모이는 공간이 될 수 있는지에 대해 문의가 들어오기 시작했습니다. 제가 디자인한 카페는 오픈한 달부터 사람들이 매장 안에 줄을 서며 수익을 내고, 건축한 교회는 성도가 기하급수적으로 늘어나며, 집은 가족이 즐겨 모이는 공간이 되었습니다.

이런 결과를 건축 공법이나 마감 자재 또는 가구같이 눈에 보이는 것으로는 설명할 수 없었습니다. 아무리 좋은 자재와 신기술을 도입하여 완성된 건물과 공간일지라도 1년이 지나면 과거의 공간이 되지만, 스토리로 완성된 공간은 10년이 지나도 영향력을 발휘하며 100년이 지나도 사람들이 찾아오고 사랑하는 공간이 된다는 것을 경험으로 알았기 때문입니다.

스토리는 인류가 탄생하면서부터 함께 존재해왔습니다. 놀랍게도 몇천 년을 구전으로 내려오는 전설들은 물론 마을마다 지역 주민들이 공유해오는 스토리들이 모두 공간과 함께 존재하며 인류의 생활양식에 영향력을 끼쳐오고 있음을 다시금 기억하게 됩니다.

이 책은 우선 공간 전문가로서 세계의 문화 선진국들의 공간을 찾아가고 스토리를 연구하며 또한 저의 작품들을 통해서 어떻게 스토리를 담아낼 때 사람들이 찾아오고 오래 머무르는가를 기록했습니다. 스토리를 공간에 담아내는 기본적인 원리를 작품들의 사례를 통해서 소개하는 것도 잊지 않았습니다.

무엇보다도 사례들을 통해서 어떻게 공간에 사람이 모이게 하고 머무르도록 만들었는지를 설명하는 데 주안점을 두었습니다. 공간은 사람이 모이지 않는다면 길가에 떨어져 있는 돌보다도 못한 존재가 됩니다. 또 사람들이 공간을 즐겨 찾는 것 외에도 이를 공유하며 자부심과 비전을 함께 느낄 수 있도록 공간의 스토리를 곁들여 소개했습니다. 그래서 이 책은 세상에 하나밖에 없는 가치 있는 공간을 꿈꾸는 이들을 돕는 책이기도 합니다.

공간에 스토리를 담아내고 사람들이 모이는 공간이 되게 하는 것이 막연한 것이 아니라, 때로는 거창한 것이 아니라 누구나 시작할 수 있는 일이라는 것을 함께 경험하길 소망합니다.

공간디자이너 정승범

PART 1

스토리를 담다

PART 2

희망을 선물하다

PART 3

과거, 현재, 미래를 한곳에

PART 1

스토리를 담다

가족

남녀노소가 함께 공유하는 공간

BK기념관

공간에 대한 고민

제가 지금까지 디자이너의 삶을 살아오면서 가장 많이 고민하고 연구한 것은 '사람들이 찾아오는 공간이란 어떤 공간일까' 하는 것입니다. 마치 저는 그에 대한 해답을 찾기 위해 살아가고 있는 것 같습니다.

이런 고민과 연구는 마치 요리사가 전국의 맛집을 찾아다니면서 맛에 대해 탐색하고, 새로운 트렌드에 대한 감각을 유지하면서 자신만의 비법을 업그레이드해가는 것과 비슷한 것 같기도 합니다. 전국에서 좋다고 소문난 공간이나 의미 있는 공간들을 찾아다니고, 때로는 해외 출장을 통해서도 공간을 경험하고 연구하는 데 시간을 들이고 있습니다. 사람들이 찾는 공간이라면 어디든 시간을 내 찾아가고, 그 공간만의 감성을 느껴보고, 그 공간에 사람들이 찾아오고 즐기는 이유를 나름대로 분석합니다.

때로는 여러 디자이너들과 의견을 나누기도 하지요. 비단 저 같은 디자이너뿐 아니라 공간에 관여된 일을 하거나 공간을 공부하는 많은 학생들도 이런 노력을 하고 있습니다.

저는 그렇게 사람들이 찾아오고 즐기는 공간에 대해 공부하고, 꾸준히 나름대로 그 이유를 찾아나갔습니다. 또 다양한 이론과 세미나, 컨퍼런스를 통해 시대를 이끌어가는 트렌드와 접목하여 작업하기도 했습니다.

그런데 검증된 몇몇 주요 이론이나 제가 중요시하며 작품에 적용하는 노하우도 있지만, 시간이 갈수록 이론이나 트렌드만으로는 설명할 수 없는 '감성'과 인간에 대한 배려가 가장 중요하다는 사실을 느끼게 됩니다. 그리고 확실한 것은 공간을 처음 기획하는 단계부터 마무리할 때까지 그곳을 찾을 사람들의 삶과 스타일에 대해 꾸준히 고민하고, 그에 눈높이를 맞추는 노력이 기본이 되어야 한다는 것입니다.

스토리가 담긴 공간에 사람들이 찾아온다

극독방송 이사장님이신 김장환 목사님의 철학과 인생을 담은 BK기념관은 처음 기획 단계부터 철저하게 사람들이 찾아오고 오래 머물 수 있는 공간이 될 수 있도록 기획했습니다. 그 결과, BK기념관이 위치한 중앙기독학교를 지나는 버스노선이 충분하지 않았던 시절에도 주말은 물론 평일까지 사람들이 넘치는, 많은 사람들이 찾는 공간으로 자리 잡았습니다.

사람들이 찾아오는 공간이 되려면 그 공간에 스토리가 구현되어 있어야 하는 것이 핵심입니다. 스토리는 사람의 마음을 움직이게 하는 측정 불가능한 커다란 에너지를 가지고 있습니다. 따라서 공간에 어떤 스토리가 담기는가에 따라 그 공간의 역할과 수명이 정해진다 해도 과언이 아닙니다.

BK기념관에 담긴 스토리는 '가족'입니다. 가족은 하나님이 인간에게 선물해주신 가장 첫 조직이자 완전한 울타리이며 그 안에 하나님의 섭리가 담겨 있습니다. 이 공간의 스토리를 가족으로 정하게 된 계기는, 세계침례교총회장에까지 선출될 정도로 바쁜 스케줄 속에서도 김장환 목사님이 가족을 가장 우선순위로 두며 살아가고 계심을 그분의 저서와 설교를 통해, 또는 공간을 디자인하기 위해 그분을 몇 번 인터뷰하면서 알게 되었기 때문입니다.

김장환 목사님께서 성도가 1만여 명이 넘는 중앙침례교회를 시무

하실 때, 크리스마스 기간을 가족과 함께 보내려고 연말과 연초의 중요한 교회 행사들을 뒤로하고 당시 유학 중인 아들과 아내가 머물던 미국으로 출국했던 일은 아직도 회자되고 있는 에피소드입니다. 당시 김장환 목사님은, 교회는 여러 목사님들이 도와줄 수 있지만 가족은 가장인 자신밖에 책임질 사람이 없다고 말씀하셨고, 이 말씀이 제게는 큰 울림이 되었습니다. 저 역시 아이들을 키우면서 가장의 역할에 대해 고민하고, 그 중요성을 더욱 공감하며 살아가고 있었기에 이 작업은 제게 더욱 큰 도전이 되었습니다.

인생의 전환점이 된 어머니의 쪽지

어린 시절 파출부를 하면서까지 저를 뒷바라지해주셨던 제 어머니는 우리 세대의 많은 부모님들이 그랬듯 자신은 제대로 먹지도 입지도 못하면서 자식들에게 모든 것을 아낌없이 베풀어주셨습니다.

그런 모습을 보면서 성장했기에 저는 어머니가 원하고 기뻐하는 삶을 살고 싶었고, 그것이 제 인생의 커다란 목표이기도 했습니다. 그러나 예수님을 인격적으로 만나고 예수님을 위해 제 인생을 드리고 싶은 마음이 커지면서, 저는 사회적인 성공을 원하셨던 어머니의 마음을 불편하게 하는 상황에 자주 맞닥뜨릴 수밖에 없었습니다.

하루는 어머니가 저를 부르셔서 교회를 잠시 쉬었으면 좋겠다는 말씀을 하신 적도 있었습니다. 이른바 스펙을 쌓는 데 집중해도 부족한 시간에 교회에 가서 예배드리고 봉사하는 것을 다소 지나치다고 생각하셨던 것 같습니다. 그런데 시간이 흘러 어머니가 돌아가신 후 유품을 정리하던 저는 어머니가 저를 위해 밥을 차리며 적어놓았던 메모들을 몇 장 볼 수 있었습니다. 쪽지의 내용은 대부분 급한 공과금을 내야 한다거나, 빨래를 돌려놓았으니 널어달라든가, 이번 주말에 친척 결혼식이 있으니 시간을 빼놓으라든가 하는 소소한 내용이었지요. 그래서 별다른 생각 없이 쪽지를 정리했는데, 그중에는 밥상에 올려놓지 않았던 쪽지도 있다는 것을 알게 되었습니다. 그리고 그날 발견한 쪽지에는 놀랍게도 "아들, 엄마가 교회 활동하는 거 싫어해서 많이 힘들지? 예수님 말씀 전한다고 열심히 교회 활동하며 살아갈 때가 사실 제일 멋있어. 엄마 걱정하지 말고 지금처럼 예수님을 위해 열심히 살아가렴"이라고 적혀 있었습니다.

이 글은 저의 인생에 전환점을 만들어주었습니다. 갑자기 돌아가시는 바람에 한마디도 나누지 못한 채 어머니를 천국에 보내드려야 했지만 저는 이 쪽지의 글을 어머니의 유언으로 받아들이게 되었고, 이 일은 제가 제 달란트를 가지고 예수님을 전하는 사람으로 살아가고자 하는 확고한 마음을 다지게 한 큰 전환점이 되었습니다.

BK기념관은 어머니께서 천국으로 떠나시고 제 인생의 전환점이 된 이 사건 이후에 나온 저의 첫 작품이기도 합니다. 그래서 가족의 이야기가 담긴 이 기념관은 저에게 더욱 특별하고 애착이 가는 공간이 되었습니다. 개인적으로는 제 어머니를 비롯해 자식과 가정을 위해서 헌신했던 이 땅의 부모님들을 축복하고, 화목했던 가족과의 시간을 회상하는 공간이기도 합니다.

가족을 모티브로 한 BK기념관의 공간

BK기념관은 가정과 비슷한 면이 많습니다. 상업공간을 포함한 대부분의 공간은 일부 연령층이나 특정 대상

● 어두운 톤의 가구를 배치함으로써 아버지의 강인함을 표현했다.

● 아기자기하고 섬세한 디자인으로 어머니의 감성을 표현한 서점
●● 자녀를 향한 마음이 담긴 전시공간

을 위한 공간인 경우가 많습니다. 그러나 BK기념관은 아이들부터 노인들까지 모든 남녀노소가 함께 공유하는 공간이라는 점에서도 가정과 비슷하다고 할 수 있습니다.

BK기념관의 공간은 기능적으로 세 영역으로 나누어져 있습니다. 첫 번째로 도서관 영역이 있습니다. 도서관은 '아비지' 김정환을 모티브로 디자인한 공간입니다. 이 공간은 김장환 목사님이 유학 시절 읽었던 책들과 세계 여러 곳에서 받은 상과 상패를 전시하며, 아버지의 감성을 구현하는 것에 초점을 맞췄습니다. 도서관 중앙 벽에는 일생의 키워드가 된 성경 말씀이 적혀 있고 탁자와 의자가 배치되어 누구든 편안하게 들러 책을 읽고 학습할 수 있도록 구성되어 있습니다.

도서관 옆에는 카페와 서점이 있습니다. 이곳은 두 번째 영역인 트루디 홀로, '어머니'의 이야기를 담고 있는 공간입니다. 김정환 목사님의 아내인 트루디 여사님의 어린 시절 모습부터 가족을 이루고 어머니로서의 삶을 살아온 시간과 지혜를 기록하고 있습니다.

아버지를 모티브로 한 도서관과 어머니를 모티브로 한 공간 사이를 지나 복도로 나오면 전시관으로 이어집니다. 이곳은 자녀를 위한 공간으로 설정되어 있습니다.

김장환 목사님과 6·25전쟁 때 미국 군인이었던 칼 파워스와의 만남 그리고 미국 유학의 이야기가 한 부분으로 자리 잡고 있으며, 다음 영역에는 김장환 목사님이 한국으로 돌아와서 활동한 이야기가 담겨 있습니다. YFC 사역, 중앙양로원, 기독병원, 중앙침례교회에서 중앙기독초등학교까지, 그분이 세우신 기관과 교회를 소개하고, 또 세계 여러 나라를 돌면서 하나님을 증거한 목사님의 사역을 정리한 영역과 그의 인생 여정을 그래프로 정리한 히스토리 영역으로 나누어져 있습니다.

BK기념관은 중앙기독학교 안에 위치하고 있습니다. 그 이유는 중앙기독학교가 김장환 목사님의 아내인 트루디 여사가 한국에 온 후 아이들을 위해 시작했던 중앙유치원에 뿌리를 두고 있기 때문입니다. 또, 중앙기독학교는 교회와 학교가 한 건물을 사용한다는 공간적 특징이 있습니다. 하나의 건물을 평일에는 학교로 사용하다가 주일에는 교회로 사용하는 것이지요. 다목적 사용이라는 이 개념은 기념공간에도 적용됩니다. 전시관이면서 도서관으로 사용되고, 카페이면서 서점으로도 사용되는 멀티유즈가 구현되어 있는 것이지요. 이것은 실용성과 효율성을 중요하게 생각하셨던 김장환 목사님의 철학이 반영되어 있는 것이기도 합니다.

하나님을 만나 바뀌는 인생을 담다

6.25 전쟁 때 하우스 보이였던 한 소년이 아무런 연고도 없고 관계도 없었던 한 미군 병사를 만나 삶의 전환점을 얻게 되었습니다. 김장환 목사님이 칼 파워스라는 미국 군인을 만난 뒤 미국으로 유학을 가게 된 것입니다.

하나님의 계획은 거기서 끝나지 않았습니다. 이후 목사님은 미국에서 하나님을 영접하고 신학을 공부하게 되었지요. 그 후 한국으로 돌아온 김장환 목사님의 삶은 '기적'이라고밖에 할 수 없습니다.

이 기념관은 그렇게 미국으로 유학을 가서 하나님을 만나고, 마침내 세계침례교회장까지 역임하게 된 목사님의 기적 같고 드라마틱한 일생을 소개하고 있습니다. 이를 통해 사람이 하나님을 만나면 기적이 일어난다는 것을 보여주며, 많은 사람들을 그리스도인의 삶으로 초대하고 있습니다.

BK기념관은 중앙기독학교의 학생들이 입학 후 둘러보게 되는 투어 코스이기도 하지만 지역의 어린이집이나 학교, 기관들에게도 인기가 많습니다. 아이들의 눈높이에 맞춰져 있는 쉬운 내용을 전하고 있기 때문입니다. 이 공간에 대해 설명하며, 하나님을 믿으면 바뀌는 인생을 전하는 선생님의 목소리가 살짝 높아져 있었습니다.

하나님의 계획을 발견하고 꿈꾸는 공간

대부분의 사람들이 저에게 디자인 의뢰를 할 때, 안타깝지만 공간의 본질이나 정체성을 같이 고민하고 찾기보다는 현재 존재하고 있는데 자신이 좋게 본 공간과 비슷하게 해달라거나 유행하는 스타일로 만들어달라는 주문을 받는 경우가 더 많았습니다. 저는 이런 요구를 반영하면서도 공간을 사용하는 이들에게 정말로 어떤 공간이 필요한지 고민하고, 때로는 이 공간만의 독특함과 차별성이 무엇일지 놓치지 않으려 합니다.

BK기념관의 디자인은 제가 예수님의 부르심을 확신한 후 맡게 된 첫 작품이었기에 더욱 제 진심을 담아내고 싶었고, 다양한 디자인을 담으려는 욕심이 있었습니다. 그렇게 바쁘게 작업을 진행하던 어느 날, 저는 하나님의 은혜를 온전히 담아내기보다는 제 디자인을 담아내고자 더 많은 노력을 하고 있다는 것을 느끼게 되었습니다. 저의 초심이 흔들리고 있다는 위기감이 들었습니다.

그런 고민이 있던 날에 계산해보니 오픈까지는 딱 40일이 남아 있었습니다. 그래서 오픈 시점까지 40일간 새벽예배를 드리기로 결정했습니다. 이 공간이 온전히 하나님의 은혜가 드러나는 공간이 되고 제 디자인이 그것을 표현하는 도구 가 되게 해달라는 간절함 때문이었습니다. 함께 일하는 디자이너들과 이런 고민을 나누었더니, 같이 새벽예배를 드리겠다고 동참해주었습니다.

이후 밤늦게까지 작업이 진행된 날은 집에 가지 않고 몇 시간 선잠을 잔 뒤 새벽예배에 참석하는 등 때로는 힘든 시간을 거치며 작업이 이어졌습니다. 그러나 그렇게 고민하고 애쓰는 과정에서 우리의 작업은 그 자체로 예배가 되었고, 삶으로 예배한다는 것이 어떤 것인가를 배울 수 있었습니다.

● 도서관 내부의 벽에는 김장환 목사님이 세계 리더들에게 복음을 전한 이야기와 수상한 상들이 전시되어 있다.

●● 김장환 목사님이 하나님을 만나 세계적인 리더로 서게 된 이야기가 담긴 복도 전시공간

라이프스타일

삶의 일부분이 되다

CCC 히스토리&비전센터

민족의 비전을 꿈꾸는 CCC 센터

서울 부암동 자락에 자리 잡고 있는 CCC 센터는 지난 60년간의 민족복음화의 비전과 열정이 담겨 있는 공간입니다. 또한 우리를 이 땅에 심으신 하나님의 계획을 찾고, 이 땅의 부흥을 꿈꾸게 하는 공간입니다.

CCC 센터가 위치한 곳은 마을 자체가 민족복음화의 성지로 구성되어 있다고 해도 과언이 아닙니다. 우리가 잘 알고 있는 양화진이 이 땅에 처음 복음을 가져온 선교사들의 삶이 기록된 성지라면, CCC 센터가 자리 잡은 부암동은 민족복음화운동을 위해 희생하고 헌신한 우리의 선배들이 기록되어 있고, 지금도 활발하게 그 기록을 써가고 있는 생명력이 지속되고 있는 성지라고 생각됩니다. 더욱이 온전히 하나님과 이 땅을 위해 애쓴 이름 없는 젊은이들의 땀과 기도가 기록되어 있기에 그 가치가 더욱 남다르게 다가옵니다.

CCC 센터 작업은 저에게 굉장히 특별한 의미입니다. 저는 CCC를 통해서 영접 기도를 하였고, 선교 훈련을 받으면서 인격적으로 하나님을 만나고 신앙이 자랐기 때문입니다. 또한 영적인 아들들을 양육하며 하나님을 위해 인생의 방향을 정한 토양과 같은 곳입니다.

그런 저에게 복음을 전달해준 김준곤 목사님과 CCC의 사역을 세상 사람들에게 전달하기 위해 기록하고 기념하는 작업을 하게 된 것은 어떤 일보다도 드라마틱한 사건입니다. 세상에는 수많은 디자이너가 있고 CCC 출신의 디자이너들도 많은데, 부족한 제가 김준곤 목사님과 CCC의 사역을 소개하고 기념하는 일을 할 수 있었던 것은 분명히 하나님께서 인도하신 것이라고 생각합니다.

민족을 진심으로 사랑한 김준곤 목사님

부암동에 위치한 CCC 센터에 도착하면 처음 만나게 되는 건물인 히스토리&비전센터는 민족복음화운동의 과거와 현재 그리고 미래를 경험할 수 있는 전시공간입니다. 히스토리&비전센터로 들어서는 계단의 난간에는 '하나님은 당신을 사랑하시고 당신을 향한 놀라운 계획을 가지고 있습니다'라는 4영리의 1원리가 영문으로 디자인되어 하나님의 계획과 초대 안으로 입장하는 광경을 연출합니다. 이 공간에 들어서는 것이 하나님의 계획 안으로 초대되는 것임을 공간적으로 선포합니다.

공간에 들어서면 먼저 여러 대의 모니터를 통해 엑스플로 74 대회(EXPLO 74, 세계 기독교대회)가 한국에서 불가능한 이유를 설명했던 CCC 구성원들의 이야기로 시작됩니다. 날씨, 수송, 식사, 교육, 재정, 시설, 교계의 반대, 당국의 집회 불허, 주민의 반대 등 쏟아져 나온 이유의 항목 수가 74가지나 되었다고 합니다. 바로 이어지는 다음 공간에서는 엑스플로 74 대회의 현장으로 관객을 초대하여 시간 여행을 하게 됩니

● 당시 시대상을 연출한 버스와 가게

다. 당시의 영상은 물론 1970년대를 재해석한 그들이 사용했던 텐트와 식기 세트 등을 통해 엑스플로 74의 다양한 환경들을 접하고 경험하게 됩니다.

엑스플로 74의 현장을 지나면 여러 번 꺾여 있는 좁은 십자가의 길이 시작됩니다. 천장에는 십자가의 고난을 상징하기 위해서 빨간색의 가시넝쿨이 드리워져 있는데, 이것만 보아도 십자가의 길이 얼마나 고난의 길인지 시각적으로 느낄 수 있습니다.

십자가의 길에서는 한 사람의 나약한 인간으로서의 김준곤 목사님을 조명합니다. 한국 기독교 역사상 최대의 행사를 기획하고 실현해낸 슈퍼맨 같은 사람이 아니라, 또는 대학생들을 통해 전 세계에 선교사를 파송한 강력한 리더십을 지닌 사람이 아니라 하나님 앞에서 작고 나약한 한 인간이며 누구보다도 고난과 시련의 아픔을 겪은 한 사람의 모습을 보여줍니다.

십자가의 길에는 6.25 때 가족이 전부 피살된 아픔과 미국에서 빌 브라이트(Bill Bright) 박사와 만난 일 그리고 다시 얻은 딸이 먼저 천국으로 가게 된 연단(鍊鍛)의 이야기가 담겨 있습니다. 십자가의 길에는 십자가가 두 번 나오는데, 첫 번째 십자가는 6.25로 가족을 잃은 고난을 빛으로 형상화한 십자가이며 두 번째 십자가는 딸을 먼저 천국으로 보내야만 했던 아픔을 나무로 형상화한 십자가입니다.

십자가 길을 통과하면 영상과 입체적인 오브제로 구현된 '젖염소 보내기' 운동이 보입니다. 이 공간은 가족을 빼앗아갔던 북한을 용서하고 북한 주민들에게 하나님의 사랑을 실천하는 상징적인 모습이며,

● 고난의 삶을 이야기하고 있는 공간으로, 가족을 잃은 고난의 이야기를 십자가 길을 통해 형상화하였다.

우리에게 하나님을 믿는 이들의 삶이 어떠해야 하는가를 제시하고 있습니다.

누구보다도 북한에 대한 원망과 미움이 많으셨을 김준곤 목사님이지만 하나님을 만난 후에는 북한을 돕기 위해서 누구보다도 많은 노력을 하셨습니다. 젖염소 농장을 짓고 후원을 위한 일들에 앞장섰습니다. 그들에게 하나님의 사랑을 전하는 것이 하나님이 원하시는 일이라고 확신했기 때문입니다.

민족복음화의 길을 공간으로 구현하다

1층을 지나서 2층으로 올라가면 유선형 복도를 중심으로 공간이 나뉘어 있습니다. 1층이 직선으로 이루어진 공간이라면 2층은 곡선을 중심으로 구획된 공간입니다. 또 1층이 과거의 이야기를 중심으로 다루었다면 2층은 미래의 이야기를 중심으로 디자인되어 있습니다. 1층이 한 사람을 향한 하나님의 계획을 이야기한다면 2층은 공동체를 향한 하나님의 계획을 이야기하고 있으며, 1층이 사건 위주로 구현된 공간이라면 2층은 영역 위주로 구현되어 있습니다. 1층과 2층은 모든 것이 대비된 공간으로, 1층과 2층이 합쳐져 진정한 히스토리&비전센터가 완성됩니다.

2층 도입부에서는 곡선으로 펼쳐져 있는 모니터와 대형 프로젝트를 통해서 여름 수련회 등에서 젊은이들이 예배하고 춤추고 찬양하는 영상이 음향과 함께 펼쳐집니다. 이를 통해 젊음의 열기와 생동감을 느낄 수 있으며, 사람들을 함께 예배하고 춤추게 합니다.

이 예배의 광장을 기점으로 유선형으로 뻗은 길은 '민족복음화의 길'이라고 명명되어 있습니다. 유선형으로 시작되어 마지막에는 화살표 모양으로 끝나는 이 길을 걸으며 하나님이 지금도 진행 중이신 민족복음화운동에 함께 동참하는 마음을 다질 수 있습니다.

길을 걷는 도중에는 몇 개의 방이 나옵니다. 각각의 방은 순사역, 커뮤니티 사역, 수련회 사역, 세계 선교 사역공간으로 민족복음화운동의 구심점이 되는 사역들을 소개하는 공간들로 나누어져 있습니다. 공간마다 디지털 장비를 활용하여 쉽고 간략하게 각 사역들을 전달하며, 때로는 게임을 통해 재미있게 사역을 이해하고 접근할 수 있게 만들어져 있습니다.

민족복음화의 길을 걷다 보면 3면이 거울로 이루어진 막다른 길에 다다릅니다. 3면을 둘러싼 거울을 통해 어느 공간보다도 자신의 모습을 입체적으로 잘 볼 수 있습니다. 이 공간은 우리에게 이 민족복음화운동에 동참할 것인지를 묻고 있습니다. 우리 믿음의 선배들이 걸어간 길 그리고 다음 세대에게 전해야 할 길, 지금 우리가 걸어가고 있고 예수님이 간절히 원하는 삶의 길에 대해서 말합니다.

순종하는 마음으로 거울방을 나오면 처음 입구처럼 조도가 낮고 컴컴한 방으로 초대됩니다. 이곳에는 예수 그리스도의 구호가 제창되고 있습니다. 오직 예수 그리스도! 백문일답의 방입니다. 김준곤 목사님이 수많은 이 땅의 난제들과 해결책에 대해 질문하였는데 모든 답이 예수 그리스도였음을 고백하셨던 사건 이후, CCC에서는 행사 때마다 참여자들에게 현 시대의 어려움, 또는 나아갈 미래에 대한 질문을 하는 시간을 가지는 것이 전통이 되었습니다. 어떤 질문을 해도 그 해답이 예수 그리스도임을 같이 고백하고 선포하는 시간입니다.

히스토리&비전센터의 목표는 하나님이 우리를 만드신 목적과 계획을 깨닫는 데 있습니다. 하나님이 우리를 얼마나 사랑하시며 우리를 향한 놀라운 계획을 가지고 계신지 전달하고, 이를 통해 젊은이들이 이 땅을 사랑하고 비전을 꿈꾸기를 소망합니다. 아무리 노력해도 유리천장 아래 갇혀 있다고 느끼고, 경쟁 속에서 지쳐가는 우리 젊은이들에게 전하는 메시지이기도 합니다.

이곳은 무엇 하나 내세울 것이 없다며 자신을 움츠리고 있는 이들에게 하나님만으로 충분하다는 것을 이야기하며, 자신의 한계를 인정할 때 하나님이 행하여주신다는 진리를 전하고 있습니다.

삶의 일부분이 되는 풍성한 공간

서울 곳곳의 동네와 길이 새롭게 조명받고 있습니다. 익선동이나 연남동 같은 동네는 물론 가로수길 등 젊은이들이 모이는 거리의 문화가 조명받고 있는 것이지요. 부암동도 그런 동네 중 하나입니다. 서울 중심의 종로구에 자리 잡고 있지만 어느 동네보다 자연친화적이며 예술적인 동네입니다. 환기미술관, 자하미술관, 서울미술관 등 수준 높은 미술관과 물이 맑아서 지금도 도롱뇽이 산다는 백사실계곡이 공존하는 매력적인 동네입니다. 아름다운 카페와 맛집, 북한산 자락의 자연환경은 등산객과 연인들은 물론 중국의 관광객까지 끌어들이고 있습니다.

그곳에 자리 잡고 있는 CCC 센터에는 히스토리&비전센터뿐만 아니라 총 일곱 개의 건물이 자연과 함께하며 부암동을 더욱 아름답게 완성해주고 있습니다. CCC 센터 덕분에 민족복음화를 위해 살아가는 목회자, 선교사들뿐만 아니라 예수님을 사랑하고 선교를 꿈꾸는 이들에게도 부암동은 꼭 방문해야 하는 동네가 되었습니다.

한 가지 기능만을 전달하는 공간은 힘이 없습니다. 공간은 삶의 일부분이 되어 풍성한 라이프스타일을 제공할 때 사람들의 삶에 영향력을 끼칠 수 있습니다. 선교의 역사와 현재, 미래를 제시하는 CCC 센터는 도서관, 서점, 세미나실, 숙소, 오피스동, 전략센터, 아트센터 등을 통해 크리스천의 라이프스타일을 제시하며, 다양한 문화생활과 비전을 공유할 수 있는 민족복음화운동의 성지로 자리 잡고 있습니다.

스토리가 있는 공간은 100년이 지나도 사람들의 발걸음이 끊이지 않는다는 것을 우리는 알고 있습니다. 이곳은 '스토리를 공간에 담는다'는 것이 어떤 것인지 보여주는 좋은 사례가 되고 있습니다.

● CCC의 캠퍼스 사역을 소개하는 공간. 4영리에서 '나'를 지칭하는 의자 모습의 조형물이 설치되어 있다.

● 커뮤니티 사역을 소개하는 공간. 디지털 게임을 통해서 사역을 알아가는 재미를 준다.

●● 사랑의 실천을 통해 북한을 돕는 이야기를 전하고 있다.

체험

남녀노소,
전 세대가 즐기게 하다

빌리 그레이엄 라이브러리

흥미롭게 복음을 담아낸
빌리 그레이엄 라이브러리

우리나라의 기독교 신자는 1885년 선교사 아펜젤러와 언더우드가 복음을 전하러 들어온 후 1970년대에 폭발적으로 그 수가 증가합니다. 통계를 확인해보면 1970년에는 200만여 명이었지만 1980년에는 500만여 명이 되었습니다. 1970년대에 열린 대규모 전도 집회들은 이 땅에 복음이 폭발적으로 전파되는 데 커다란 역할을 담당했습니다.

지금은 상상할 수 없을 만큼의 대규모 전도 집회들도 많았는데, 대

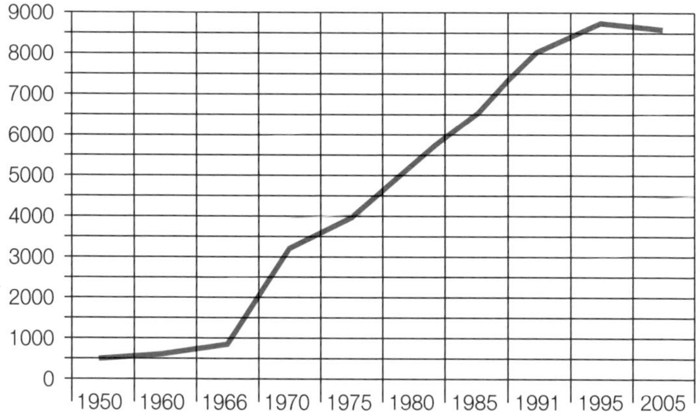

● 한국개신교회의 성장 : 1950~2005

표적인 것으로는 1973년의 빌리 그레이엄 목사님 초청 집회와 1974년의 엑스플로 74가 있습니다.

1973년 여의도에서 복음을 선포했던 빌리 그레이엄 목사님은 우리나라뿐만 아니라 세계 60여 개국을 다니며 2억 1천만 명에게 복음을 전한 귀한 사역자입니다.

미국 동부의 샬럿시에는 빌리 그레이엄 목사님의 사역을 집대성해 놓은 공간인 '빌리 그레이엄 라이브러리'가 있습니다. 전 세계 60여 개국에 복음을 전하고 2억여 명이 주님을 영접할 수 있게 한 목사님의 사역과 그 이야기가 정리되어 있는 곳입니다.

이곳은 라이브러리라는 이름을 가지고 있지만 일반적으로 우리가 생각하는 도서관은 아닙니다. 마치 테마파크처럼 입체적으로 공간을 이동하며 경험하고 체험하는 공간입니다. 제가 빌리 그레이엄 라이브러리에 도착했을 때는 아직 문을 열기 전이었지만 마치 애플 매장에 사람들이 줄을 서 있듯, 엄청나게 많은 사람들이 긴 줄을 이루고 있었습니다. 그리고 저도 이곳을 체험한 후에는 왜 그렇게 세계 각지에서 이 공간을 보기 위해서 찾아오는지 알 수 있었습니다. 바로 흥미로운 공간, 오래 머물 수 있는 공간으로 복음을 담았기 때문이었습니다. 저에게는 디즈니랜드보다도 더 재미있는 흥미로운 공간으로 다가왔습니다.

스토리를 디자인화하는 노하우

라이브러리에 도착하면 먼저 관람객을 맞이하는 건물이 있습니다. 이런 건물이 왜 있지, 하는 생각이 들 정도로 아담한 개인주택입니다. 이곳은 빌리 그레이엄 목사님이 어린 시절을 보낸 집을 재현해놓은 공간입니다.

이곳에서는 빌리 그레이엄 목사님이 가정을 통해 어떻게 성장했는지 그리고 어떻게 하나님께서 인도해오셨는지를 재현하고 있습니다. 이곳에서 목사님이 어린 시절을 보냈을 때의 시대 상황과 그 배경을 이해한 뒤 라이브러리로 들어가게 됩니다.

십자가 모양의 유리문을 통해 라이브러리로 들어가면 로비에 관람객을 맞이해주는 마구간이 있고, 그 안에 젖소가 있습니다. 진짜 소는 아니지만 마치 살아 있는 것처럼 조금씩 움직이며 말하는 모형입니다.

아이들은 이 소를 신기해하고, 로비에서 대기하는 이들도 자연스럽게 이 젖소에 집중하게 됩니다.

젖소는 너스레를 떨며 소의 관점에서 빌리 그레이엄의 어린 시절에 대해서 이야기해줍니다. 목동의 아들로 태어나 부모의 말씀을 따라 성경을 묵상하며, 어떻게 성장해왔는지 쉬지 않고 설명하는 소의 이야기는 아이들에게 인기가 많습니다.

빌리 그레이엄 라이브러리는 모든 공간이 목장처럼 꾸며져 있습니다. 식당의 식탁보도 젖소 무늬이고 화장실도 목장처럼 되어 있어서 어느 목장 마을을 찾은 것 같은 감성을 줍니다. 1,000여 평의 공간이 이렇게 한 가지 스타일로 완성되어 있다는 것은 스토리로 디자인한 결과입니다.

라이브러리는 시간 여행을 하듯 미국의 1960년대로 관람객들을 초대합니다. LA역과 거리 가판점을 지나면 커다란 텐트가 설치되어 있습니다. 텐트 안에는 1960년대에 텐트를 치고 집회를 하며 하나님의 말씀을 전하던 빌리 그레이엄 목사님의 사역 영상이 상영되고 있습니다. 목사님의 초창기 사역의 주를 이루었던 텐트를 소재로 삼아 마치 그 시절로 돌아간 것처럼 경험하게 한 것이지요.

4영리를 줄거리로 삼은 디자인

빌리 그레이엄 라이브러리는 미국 교회를 통틀어 새 신자 영접률 5위 안에 속하는 파라처치(Para-church)의 기능을 담당하고 있습니다. 50여 년간 전 세계로 복음을 전하다 몸이 쇠약해진 빌리 그레이엄 목사님의 이야기를, 이제 거꾸로 사람들이 찾아와서 만나고, 복음을 들을 수 있도록 한 것이 바로 이 공간입니다. 그래서 이 공간은 목사님의 삶에 초점을 맞추기보다는 빌리 그레이엄 목사님을 준비시키고 사용하신 하나님에게 초점이 맞춰져 있습니다. 사람들이 하나님을 경험하고 바라보면서 복음을 영접할 수 있도록 1,000여 평의 공간 전체가 4영리를 커다란 줄거리로 삼아 디자인되어 있습니다. 이 공간의 마지막 섹션은 마치 4영리의 마지막 페이지처럼 예수님이 주인인 삶으로 초대하는 영상을 보여줍니다. 그 영상을 통해 예수님이 왜 이 땅에 오셨는지 배우고, 복음의 길로 초청하는 영접 기도를 하게 됩니다. 그리고 그곳에서 하나님을 믿으려는 이들이 손을 들어 표시하면, 일대일 상담을 통해 지속적인 성경 공부와 LTC(Leadership Training Course)를 진행해줍니다.

이렇듯 이곳은 어느 공간보다도 창의적이고 즐겁게, 감성적으로 컨텐츠를 구현하면서 복음을 전하는 도구로서 충실히 역할을 수행하고 있습니다. 제게는 무척이나 충격적인 공간이기도 했습니다.

이곳을 둘러보고 너무나 감동을 받은 저는 이 라이브러리를 디자인한 디자이너가 궁금해졌고, 빌리 그레이엄 재단을 통해 그 디자이너를 소개받을 수 있었습니다. 그분은 올랜도에 있는 디즈니랜드의 수석 디자이너였습니다. 그분과 나누었던 대화는 제가 가야 할 디자인의 방향과 목적을 정리하는 데 큰 도움이 되었습니다. 또한 문화의 시대에 가족이 함께 즐기며 영적 유산을 전달하는 공간과 도구를 만드는 것은 바로 디자이너의 몫이라는 확신도 가지게 되었습니다.

● 빌리 그레이엄 라이브러리 입구

● 로비 안에서 보이는 십자가 형상의 입구 모습

● 빌리 그레이엄 목사님의 어린 시절에 대해서 이야기해주는 젖소의 모습
●● 빌리 그레이엄 목사님의 아이덴티티가 된 초창기 텐트 부흥회를 구현한 공간

● 복음을 전달받고 나오는 십자가의 길

묵상

옷깃을 형상화하다

주안감리교회

살아 움직이는 도시

도시는 살아 있는 생명과 같습니다. 태동하고 성장하며 자기만의 색깔을 찾아가고 번영하다가, 시간이 지나면 노쇠하고 슬럼화되기도 합니다. 그래서 세계적인 도시들도 지속적인 생명력을 유지하기 위해 다양한 콘텐츠를 개발하고, 재개발을 통해서 도시의 기능을 보완해가고 있습니다.

그런데 우리는 도시에 생명력을 불어넣기 위한 방법으로 구도심을 다시 보수하고 리모델링하기보다는 그 기능을 대체하는 새로운 신도시를 건설하면서 도시의 영역과 기능을 확충하는 방법을 주로 사용해왔습니다. 도시의 구조는 단순히 건물에 국한되는 것이 아니라 도로망과 상하수도 같은 기반시설을 포함하며, 그것을 교체하기에는 현실적으로 비용과 시간이 만만치 않기 때문입니다. 그렇기에 아예 새로운 땅에 새로운 도로를 깔고 건물을 올려 도심을 만드는 것이 부가가치가 높았고, 더 쉬우며 효과적이라고 판단했기 때문입니다.

가까운 일본에서도 도쿄의 오다이바와 같은 인공 도시를 바다에 세워 구도심에 부족한 서비스를 공급했습니다. 그러나 이제는 그 후유증이 만만치 않게 발생하고 있습니다. 구도심이 점차 슬럼화되고 사람들이 떠나면서 기회비용이 더 많이 들어가기 시작했기 때문입니다.

제가 어렸을 때 인천의 주안 지역에 갔던 기억이 있습니다. 당시에는 시골에서 상경한 한 어린 친구가 서울역에 도착해서 높은 빌딩을 쳐다보니, 어떤 사람이 다가와 몇 층까지 봤냐고 물으며 쳐다본 층수까지 돈을 내라던 우스갯소리가 있었습니다. 그런데 그때의 제 모습이 바로 그 시골에서 상경한 사람 같았습니다. 그만큼 주안은 사람도 많고 건물도 많은 도시의 모습이었습니다. 그러나 30년이 지난 지금은 낡고 노후화된 구도심이 되어가고 있고 주민들도 근처의 송도, 청라 등 신도시로 급속히 이탈하고 있습니다. 지역의 교회들도 신도심에 교회를 새롭게 건축하고 성장의 발판을 만들어가고 있습니다.

새로운 비전을 꿈꾸는 교회

그러나 90년 전에 이곳 주안에 터를 잡은 후, 점차 힘을 잃어가는 이 자리에서 새로운 90년의 비전을 꿈꾸는 교회가 있습니다. 바로 성서박물관을 운영하고 있는 주안감리교회입니다.

이 교회는 인천 지역에서 손꼽는 교회이기에 주변에 신도시가 개발될 때 거처를 옮길 수 있는 기회가 많았지만, 이전하지 않고 하나님이 마련하신 주안에서 더욱 큰 나무가 되기를 소원하였습니다. 또 창립 90주년을 맞이하여 예배당을 리모델링하고 체육관을 건축하였습니다. 신축이나 이전을 통해 양적 성장을 도모하기보다는 영적 성장을 도모하기로 한 것입니다. 그래서 주안감리교회의 90주년 프로젝트는 소재를 새롭게 교체하는 것이 아닌, 교회에 스토리를 담는 프로젝트였습니다.

주안감리교회는 90주년 사업을 두 번으로 나누어 진행하였습니다. 1차 사업은 예배당을 리모델링하여 예배를 새롭게 세우는 것이었고, 2차 사업은 주차타워와 체육관을 만들어 지역사회와 공유하는 것이었습니다. 구도심이라 언제나 주차장이 부족했는데, 지역과 공유하는 주차장을 세우고 체육관을 지어서 지역 주민에게 개방하기로 한 것입니다.

이 프로젝트를 시작하면서 우선 저는 주안감리교회 근처에 숙소를 잡고 아침마다 새벽예배에 참석하였습니다. 그리고 예배가 끝나면 본당을 돌고 주차타워가 세워질 마당을 걸으면서 이곳에 지어질 공간에 대해 묵상했습니다. 90년간 교회를 이끌어오신 하나님을 어떻게 담아낼 것인가에 대한 묵상이었습니다. 승리의 하나님, 90년간 이곳에서 하나님을 찬양하고 예배하게 하신 하나님, 그 하나님의 이야기를 어떻게 공간에 담을 수 있을까 고민했습니다.

그러던 어느 날, 새벽예배의 내용에 모세의 이야기가 나왔습니다. 모세가 지팡이를 들면 싸움에서 이기고, 지팡이를 내리면 싸움에서 지는 내용이었습니다. 문득 그 이야기에 공감하기 어렵다는 생각이 들었습니다. 당시의 전력이나 무기의 수준, 군사의 수 등은 아무런 영향을 미치지 않고, 오직 모세가 지팡이를 들었다는 이유만으로 싸움에 이긴다는 이야기는 비현실적이고 비과학적이라는 생각마저 들었습니다. 그런데 무슨 싸움이 그러냐, 하고 생각하던 제게 갑자기 돌멩이가 날아와 뒤통수를 때리는 듯한 충격과 깨달음이 다가왔습니다.

'아 하나님. 하나님은 그런 분이지요. 아무리 좋은 점을 찾으려 해도 선한 것 하나 없는 저를 사랑해주시고, 영원한 생명을 선물로 주신 하나님은 그런 분이시죠. 사람의 지혜로는 판단할 수 없고, 사람의 생각으로는 도저히 상상할 수 없는 분이시죠'라는 생각이 번뜩 든 것입니다.

맞다! 내가 뭐라고 그런 하나님을 판단하고 이해하려 했던가. 하나님의 승리는 인간의 지혜에 있지 않고, 순종에 있는 것이로구나!

그러자 성경이 순종한 모세의 이야기로 보였고, 승리한 하나님의 이야기로 보였습니다. 동시에 하나님은 상권이 살아나는 신도시로 이전해 교회를 건축하면 더 크게 성장할 수 있을 텐데, 라고 인간의 방식으로 생각했던 저의 잘못된 마음을 일깨워주셨습니다. 노후된 예배당을 리모델링하고 주차장과 체육관을 짓는 비용으로 새로운 곳으로 이전하면 더 잘되지 않을까 하는 생각은 인간의 마음일 뿐, 자신이 태어나고 자란 그곳을 지키며 예배하겠노라고 말씀하신 담임목사님의 순종이 바로 하나님의 승리이시구나 하는 깨달음이었습니다.

'그래, 여호와 이레의 하나님이 주안감리교회를 90년간 이곳에서 승리케 하시고 순종함을 통해 새로운 90년을 준비시키시는구나. 이 이야기를 공간에 담자. 그래서 90년이 지난 어느 날 어린이들이 왜 우리 교회는 이런 곡선으로 디자인되었는지 물으면 이야기하자. 승리의 하나님, 모세의 순종을 기뻐하신 여호와 이레의 하나님을 기록하고 기념하기 위해 모세가 지팡이를 하늘 높이 들었을 때 바람에 휘날렸을 모세의 옷깃을 형상화했다고 이야기하자'라는 생각이 들었습니다.

실제로 예배당은 모세의 휘장처럼 위아래는 물론, 펄럭이는 옷깃을 더 잘 표현하기 위해 앞뒤로도 굴곡이 있게 설계되었습니다. 무대 중심에는 옷깃을 따라 같은 각도로 휘어진 대형 LED 모니터가 설치되어 예배를 돕게 고안되었습니다. 1,000여 평의 넓이에 1~2층은 주차장, 3~4층은 실내체육관과 샤워실, 어린이 놀이터로 구성된 체육관 건물도 휘장이 흩날리는 모습을 중심으로 설계되었습니다. 그리고 이렇게 세워진 체육관 건물은 주안감리교회의 90번째 생일선물이자 주안 지역에 보내는 선물이 되었습니다.

새로운 터닝포인트를 선물해 준 하나님의 계획

제 생일은 어린이날 다음 날입니다. 워낙 가난한 환경에서 성장했기에 어린이날에 선물을 받거나 특별히 어디를 가본 기억은 없습니다. 다만 공휴일이므로 어머님을 도와 같이 나물을 캐러 가거나 집안일을 도우며 시간을 보내는 경우가 많았습니다. 어릴 때 동네에서 같이 놀던 친구가 어린이날 용인에 있는 자연농원에 간다고 했는데, 당시에는 그곳이 놀이공원인 줄도 모르고 친구도 농원에 가서 나물을 캐는 줄만 알았습니다.

어린이날도 그랬지만 그 다음 날인 제 생일도 특별하게 보내지는 못했습니다. 물론 어머니가 끓여주신 미역국은 세상에서 제일 맛있었지만 생일 케이크를 받거나 다른 날과 특별히 다른 것을 경험하지는 못했습니다.

그렇게 성장하던 제게 한 친구가 생겼습니다. 늘 밝고 유머가 넘쳤던 그는 친구들 사이에서도 인기가 많았고, 주위에 다른 친구가 많았는데도 이유 없이 저를 잘 챙겨주었습니다. 그런데 어느 날 그 친구가 저에게 생일을 물어보았습니다. 처음으로 제게 생일을 물어본 친구였습니다. 그 후 저도 관심 있는 사람들에게 마음을 표현하는 의미로, 다른 사람의 생일을 물어보게 되었지요.

시간이 흘러 제 생일이 되었고, 그 친구는 저를 포함해서 열댓 명의 친구들을 모았습니다. 그리고 당시로서는 꽤 비싼 장소를 빌려 제게 생일파티를 해주었습니다. 생일파티란 이런 건가 싶어 신기하기도 했지만, 왜 내 생일에 이런 축하를 받아야 하는지 당황스러웠습니다.

그 친구는 모인 이들에게 건배를 제안하며 오늘이 내 친구 승범이의 생일이어서 너무 행복하다며 '축하해 승범'을 구호로 외쳤습니다. 모인 이들이 모두 함께 구호를 제창하며 저를 축하해주었지요. 저는 얼떨떨했습니다. 내 생일을 맞아 행복하다고 외치는 그가 고마웠고, 내가 이 땅에 태어났다는 사실에 자신이 감사하다고 고백하는 것이 충격으로 다가왔습니다.

그 친구는 케이크에 초를 꽂고 큰 소리로 축하 노래를 불러주었습니다. 저는 울지 않을 수 없었습니다. 그날은 어려서부터 자존감이 낮았고, 왜 태어났는지 의미를 발견하지 못하며 외로워하던 저를 바꾸어준 날이었습니다. 그 친구도 하나님께서 선물해주신 하나님의 계획임을 고백합니다.

주안감리교회의 90주년 프로젝트는 저에게 새로운 터닝포인트를 선물해준 공간입니다. 눈에 보이는 대로 판단하는 것이 아니라, 하나님이 말씀하시는 대로 순종하며 그것을 행하는 것이 승리라는 것을 몸으로 배우고 실천하게 해주었습니다. 여러분들이 혹시 근처를 지나가게 된다면 모세의 휘장을 바라보며 여호와 이레를 외쳐주시길 소망합니다.

● 공사 완료 후 감사패를 받는 모습

●● 완성 후의 예배당 모습

● 완성된 예배당에서 예배드리는 모습

●● 체육관 디자인 모델링 작업

창조

특별함과 유일함을 담다

춘천중앙교회 교육관

봉사와 헌신의 씨앗을 뿌려온 강원도의 첫 교회

춘천은 저에게 특별한 기억이 있는 곳입니다. 지금은 사라진 춘천의 102보충대로 군 입대를 하면서 처음 춘천을 가보게 되었고, 어머니가 돌아가시고 무엇을 할지 고민하다가 결혼 전 아내와 금식기도를 했던 기도원이 있는 춘천 지역을 다시 찾게 되었습니다.

춘천은 지형적으로 산으로 둘러싸인 분지여서 여름에는 매우 덥고, 겨울에는 반대로 매우 춥습니다. 그러나 봉우리가 아홉 개여서 구봉산이라고 불리는 구봉산 전망대에 가면 분지여서 누릴 수 있는 풍경과 야경을 만날 수 있습니다.

구봉산 곳곳에는 전망 좋은 카페들이 많이 들어서서 이곳은 카페거리로도 알려져 있습니다. 개인적으로 좋아하는 카페 산토리니의 뒷마당으로 나가보면 넓은 잔디정원이 나오고 춘천이 한눈에 들어옵니다. 근처에 있는 빵집 '아뜰리에 김가'는 나무집과 아기자기한 디스플레이로 유럽의 어느 숲에 온 것 같은 재미를 선물합니다.

폐역사를 문화공간으로 활용하는 김유정역은 바로 옆에서 출발하는 레일바이크를 타지 않더라도 들러서 사진을 찍고 갈 만한 공간입니다. 중앙시장 닭갈비 골목과 소양강댐 아래 마을의 닭갈비 식당들, 유포리 막국수집 등 춘천에서만 볼 수 있는 맛집들도 있습니다. 호반의 도시답게 춘천에는 소양강댐, 춘천댐, 의암댐 등 댐이 세 개나 있고, 호수도 청평호, 의암호, 소양호, 춘천호 등 네 개나 있습니다. 시간을 내어 춘천에 들러보면 만날 수 있습니다.

춘천에 있는 춘천중앙교회는 강원도에 세워진 첫 교회로, 120여 년의 역사를 지니고 있습니다. 제가 만난 교회 중 가장 오랜 역사를 가진 교회이면서 강원도의 모교회로 모범이 되는 교회입니다. 강원도의 첫 교회답게 참 많은 고난의 역사를 가지고 있지만, 지역을 위해 학교와 병원을 세우는 등 어느 교회보다 많은 봉사와 헌신의 씨앗을 뿌려왔습니다. 춘천중앙교회의 초기 역사를 보면 이덕수 장로님의 삶이 귀감이 됩니다. 덕수홀로 이름 붙여진 본당 1층의 홀을 보면 초기 성도들의 정신을 지키며 성장해가고자 하는 의지를 엿볼 수 있습니다.

교회와의 특별한 만남과 기다림

춘천중앙교회와 저의 만남은 특별했습니다. 교육담당 목사님께서 연락을 주셔서 춘천에 방문을 요청하셨는데, 마침 속초에 예정된 작업이 있었던 저는 그때 함께 들르려고 약속을 한 달 뒤로 미뤘습니다. 당시에도 여러 곳의 교회와 상담이 많았기에, 주소만 적어두고 별다른 조사도 하지 않고 그저 가벼운 마음으로 찾아가게 되었습니다. 그런데 교회를 찾은 저는 생각보다 훨씬 큰 어마어마한 건물과 규모에 놀라고 당황하게 되었습니다. 저는 사실 단순한 조언과 상담으로 생각하고 가볍게 와서 죄송하다고 솔직히 말씀드렸고, 다행히 그것이 더 진실되게 보였다는 말씀을 듣게 되었습니다.

교회를 둘러본 뒤, 교육관 전체를 리모델링 하고 싶다는 의견을 드렸습니다. 그리고 그해에 공사를 시작할 수 있도록 작업 스케줄을 나누고, 한 달쯤 뒤에 디자인 콘셉트를 이야기하기로 하고 헤어졌습니다.

저는 그즈음 방송인 전현무 씨의 집 리모델링을 하고 있었고, 방송 출연 등으로 미루어졌던 해외 일정을 위해서 며칠 뒤 외국으로 출국했는데, 외국에 도착한 날 인터넷에 춘천중앙교회가 실시간 검색어로 떠 있는 것을 보았습니다. 신기한 마음에 클릭해보았더니 교회의 본당에 불이 나서 천장이 전소되었다는 뉴스였습니다. 그 소식에 당황한 저는 혹시라도 사상자라도 있는 것이 아닌가 하는 염려되는 마음에 교육담당 목사님께 전화를 드렸습니다. 다행히 사상자는 없었지만 전화의 목소리를 통해 엄청난 혼란에 빠진 교회의 상황이 고스란히 느껴졌습니다.

화재로 본당의 천장이 무너졌으니 건물 전체를 다시 건축하는 것에 버금갈 정도의 작업과 리모델링이 필요해진 상황이었습니다. 건축비도 많이 들어갈 것이고 기간도 많이 소요될 테니, 교육관 리모델링은 향후 몇 년 후에나 가능할 것이고, 본당을 보수하는 데에만 예정되었던 교육관 리모델링 예산의 몇 배가 들어가야 하는 최대의 위기를 맞은 것입니다.

1년을 기다려 준비한 작업

그래도 저는 며칠 동안 묵상하며 준비했던 것도 있고, 교육관을 디자인했다면 어떻게 했을까 하는 아쉬움이 남아, 근처를 오갈 때마다 춘천중앙교회를 찾았습니다. 그리고 본당 천장을 다시 세우고 전소된 예배당을 공사하는 사이에 혼자서 교육관을 쳐다보며 몇 달을 꼬박 시간에 쫓기지 않고 차분히 묵상하며 콘셉트 스케치를 계속했습니다. 왜 그랬는지 모르겠지만 그렇게 하면 다른 교회에서 비슷한 교육관 작업을 하게 될 때 쓸 수도 있겠다는 가벼운 생각과 함께, 이렇게 의미 있는 교회의 작업을 할 수 없게 된 아쉬움이 겹쳤던 것 같습니다.

그리고 약 1년이 지났을 즈음, 놀랍게도 처음 전화를 주셨던 교육 담당 목사님으로부터 다시 전화를 받게 되었습니다. 그동안 대형 텐트 안에서 주일예배를 드리며 광야의 시간을 보내다가 이제야 본당 공사가 마무리되어 입당을 준비하고 있다는 소식이었습니다. 그리고 이렇게 본당의 재건축이 마무리되는 김에 작년에 진행하지 못한 교육관의 리모델링까지 같이 진행하자고 협의가 되었다는 것이었습니다.

그런데 목사님은, 갑자기 교육관 리모델링이 정해졌지만 바로 신행해야 되는 상황이어서 지금부터 2주일 후에 콘셉트 프레젠테이션이 가능하면 저에게 맡길 수 있지만 그것이 어렵다면 본당을 재건축한 건축사에게 맡겨 간단히 재정비하는 수준으로 진행할 수밖에 없다며 염려하셨습니다. 저는 목사님께 가능하다고 말씀드렸고, 그로부터 2주일 후 무사히 프레젠테이션을 마치고 박수를 받았습니다. 2주일간 급하게 준비한 것이 아니라 1년 전부터 준비하고 고민했던 작업이 있었기에 충실한 계획을 세심하게 설명할 수 있었던 것이지요.

천지창조의 이야기로 공간을 완성하다

춘천중앙교회 교육관은 총 4층이며 2,000평의 공간이 일곱 개의 섹션으로 나누어져 있습니다. 교육관 전체가 빛을 창조하신 창세기 첫날의 이야기부터, 창조를 마치고 안식하신 7일간의 이야기로 이루어져 있는 것입니다.

1층 로비에 들어가면 창조에 대한 이야기책이 조형물로 설치되어 있습니다. 이 책을 통해 2, 3층과 지하층으로 이어집니다. 말씀으로 창조하신 하나님을 알려주는 장치로, 복도에 빛으로 비치는 말씀을 읽으며 예배당으로 입장하게 됩니다. 이어 7일간의 천지창조 이야기가 곳곳에 구현되어 있으며, 5일째의 이야기를 담은 4, 5, 6학년 구역은 들어가는 입구에 큰 고래가 있습니다. 고래 안으로 들어가서 예배를 드리게 되어 있는 것입니다.

춘천중앙교회 교육관을 찾는 사람들은 이곳에 어떤 마감재가 사용되었으며, 얼마나 많은 돈이 들었는지 등을 평가하지 않습니다. 다만 스토리로 완성된 공간의 가치에 감동을 받고, 그러한 공간의 힘을 경험하게 됩니다. 2,000여 평 건물에 담긴 창조의 이야기는 이곳을 찾아오고 머무르는 아이들에게 그 자체로 교육적인 효과를 발휘합니다.

다음 세대를 향한 디자인을 고민하면서, 시간이 갈수록 복음을 복음답게 전하는 것이 어려워지고 있다는 생각을 하게 됩니다. 그런 중에 천지창조의 이야기는 저에게도 특별하게 다가왔습니다. 세상의 어떤 누구도 행할 수 없는, 오직 하나님만이 이루실 수 있는 특별함과 유일함을 보여주는 가장 명확한 이야기이기 때문입니다.

하나님의 창조를 부정하는 진화론이나 사회를 혼란스럽게 하는 동성애 문제 등은 하나님이 창조하신 질서를 부정하는 데서 시작된다고 생각하기에, 이 시대에 자라나는 아이들에게 가장 전하고 싶은 이야기가 바로 하나님의 창조이기도 합니다. 성인이 되면 이미 창조론을 동화 같은 이야기로만 받아들이는 경우가 많고, 그럴싸한 세상의 지식으로 인해 마음이 닫히게 되므로, 신앙의 기초가 되는 하나님의 창조에 대해 더더욱 알리고 싶은 것입니다. 교육이 부족하고 가난한 나라의 어린이들에게는 더더욱 그렇기도 하고요. 여기에서 하나님의 창조 스토리를 타국의 아이들에게 전하게 된 이야기를 한 가지 덧붙이고자 합니다.

인도네시아 어린이들과 함께한 미술캠프

어떻게 하나님의 창조를 전해야 할까 생각하던 저는 대학생 시절 교회 청년부의 사람들과 지방에 있는 작은 교회로 찾아가서 여름성경학교를 개최하고 봉사했던 기억을 더듬었습니다. 그리고 그런 경험을 살려 해외의 아이들에게 하나님의 창조하심을 주제로 미술캠프를 열어야겠다고 결정했습니다. 이 계획을 가지고 여러 지인에게 자문을 구하자, 놀랍게도 세계 각국에서 적극적으로 와 달라는 연락을 받게 되었습니다. 미술은 세계 공통어이기에 가능한 일이기도 했지요.

저는 곧바로 하나님의 사랑이 필요한 세계의 어린이들과 함께하는 미술캠프 프로젝트를 준비했습니다. 회사의 직원들이 일주일 넘게 회사의 업무를 중단하고 함께 선교지로 나간다는 것은 결코 쉽지 않은 결정이었습니다. 그러나 과감히 행동으로 옮기기로 결정하고 작업이 예정된 클라이언트들에게 제 비전을 말씀드리며 양해를 구하자, 기꺼이 응원하며 일정을 조정해주셨습니다. 공사 일정이 하루만 늦어져도 가산금을 물게 되어 있는 계약서로 이루어진 작업 현장이기에, 클라이언트들의 이해와 응원은 10여 년간 제가 살아온 삶에 대한 신뢰의 열매라는 생각에 더욱 감사했습니다. 그리고 작은 출발이지만 기꺼이 저의 달란트를 나누면 그들이 또 다른 이들에게 더 좋은 것들을 나눌 수 있다는 생각에 더욱 확신이 들었습니다.

첫 미술캠프 선교지는 이용규 선교사님이 인도네시아에 세우신 코너스톤 글로벌 학교로 결정되었습니다. 이후 1년 정도를 기도하며 캠프를 기획했고, 마침내 인도네시아로 날아가 꼬박 일주일간 아침 9시부터 오후 3시까지 초등학생과 중고등학생을 대상으로 미술 수업을 진행했습니다. 창의성과 기독교 정신을 나누고, 하나님이 이 땅을 창조하시고 우리를 사랑하심을 교육한 것입니다.

이 미술캠프의 목적은 천지창조를 아이들에게 경험하게 하는 것이었습니다. 지식으로만 천지창조를 아는 것이 아니라, 미술 활동을 통해 협동하고 표현하며 온몸으로 하나님의 창조를 경험하는 시간입니다. 캠프의 구성상 여러 가지 다양한 활동들이 있지만, 가장 주된 것은 하나님의 창조 이야기를 주제로 코너스톤 학교에 놓일 벤치를 제작하는 것이었습니다.

구체적으로는 미술캠프에 참여한 아이들을 7개 조로 나누어서 조별로 창조의 7일 중 하루를 선정합니다. 그리고 조원들끼리 그 내용을

● 인도네시아 코너스톤 글로벌 학교에서 즐거운 미술 수업을 진행했다.

토론하고 무엇에 초점을 맞추어 스케치할지, 벤치에 어떻게 표현할 것인지, 어떤 재료와 기법을 사용할지 등을 토론하여 해결점을 찾아나갑니다. 최종적으로는 벤치에 그리기 전에 먼저 실 사이즈로 스케치하여 선생님과 다른 학생들에게 발표하는 중간 점검 시간을 갖습니다. 그리고 이 시간을 통해 자신들의 작업을 객관적으로 다시 바라보고, 수정하고 보완한 뒤 마지막으로 벤치에 실제로 표현하는 것입니다.

그렇게 하여 완성된 작품들을 보니, 아이들의 창의력과 상상력이 예상을 뛰어넘어 모두가 감탄할 정도였습니다. 아이들은 어떻게 그 가능성을 바라보고 돕는가에 따라 무한한 능력을 발휘할 수 있는 존재라는 것을 다시 한 번 느낄 수 있었습니다.

캠프 마지막 날에는 인도네시아의 학부모님들을 초대해 조촐한 전시회를 열었습니다. 모든 학생과 부모님들이 참여하여, 캠프에 대한 호응과 열기를 느낄 수 있는 축제이자 파티의 시간이었습니다.

하나님의 창조 스토리, 무엇보다 강력한 복음의 도구가 되다

저희는 미술캠프를 떠나기 전 6개월여의 기간 동안 수업을 기획하고 준비물을 준비하면서 어떤 경험을 선물할 수 있을지 연구했으며, 자체 워크숍도 두 번이나 진행했습니다. 그 결과, 하나님이 여러 방법으로 부족한 저희를 채워주고, 응원해주심을 느낄 수 있었습니다. 또 일회성 이벤트 프로그램이 아니라 중앙기독학교에서 15년간 경험한 3C 교육(기독교 교육, 창의성 교육, 협동교육)으로 뿌리를 내릴 수 있도록 구성했기에, 이후에도 그곳의 학생들에게 힘을 발휘할 것입니다. 또한 학생들의 손길로 꾸며진 벤치는 그 학생들이 졸업한 후에도 새로운 학생들에게 지속적으로 하나님의 창조를 전달하게 될 것입니다.

이 모든 것의 중심에는 하나님의 창조와 그 스토리가 있습니다. 스토리는 무엇보다 강력한 복음의 도구이며, 세대를 관통하는 무기라고 할 수 있습니다. 그렇기에 캠프에 참가한 인도네시아의 학생들과 학부모들에게도 복음을 전하는 도구로 사용될 수 있었던 것입니다.

> 너희는 가서 모든 민족을 제자로 삼아서 아버지와 아들과 성령의 이름으로 세례를 주고 내가 너희에게 명령한 모든 것을 그들에게 가르쳐 지키게 하여라. (마태복음 28:19~20)

미술캠프를 마치고 한국으로 돌아오는 비행기 안에서 비로소 긴장이 풀리고 피곤이 몰려왔습니다. 그리고 아이들의 눈망울을 떠올리고 그들이 적어준 감사의 글들을 읽으며 눈물을 흘릴 수 있었습니다. 그 아이들을 다시 만날 수 있을까 하는 아쉬운 마음과 함께 설령 그렇지 못하더라도 후일 천국에서 만나 반갑게 인사했으면 좋겠다는 소망을 마음에 품었습니다. 이제 저는 두 번째 미술캠프를 준비하려 합니다.

● 춘천중앙교회 교육관 외부 모습

● 첫째 날의 창조를 담은 공간

●● 유치부와 초등부 예배실로 향하는 이 복도를 지나는 동안 아이들은 말씀의 빛을 받으며 예배실로 들어간다.

●●● 셋째 날의 창조 이야기를 담은 공간

● 고래 입을 통해 예배실로 향하는 공간 연출로 아이들에게 재미를 선물한다.

●● 다섯째 날의 창조를 담은 공간

● 여섯째 날의 창조를 담은 공간

●● 3층까지의 복도에는 성경 제목이 텍스트로 조형화되어 있다.

균형

감성과 기능 그리고 체험

야마하 코리아

공간이라는 매개체

최근 우리나라는 미세먼지로 몸살을 앓고 있습니다. 집에서 한 발짝도 나가기 싫을 만큼 온 세상이 뿌옇게 미세먼지로 뒤덮인 날이 많습니다. 불과 몇 년 전까지도 중국의 미세먼지에 관한 뉴스를 보면서 저렇게 미세먼지가 심한 곳에서 어떻게 살까 생각했는데, 지금 우리의 환경도 그에 못지않은 것 같아 매우 안타깝습니다. 너무도 살인적인 먼지 공해 때문에 공기가 좋은 나라에 가서 살고 싶다는 이야기도 많이 나오고 있습니다.

그런데 통계를 통해서 알게 된 놀라운 사실은 과거 20년 전에 비하면 현재의 공해 수준이 더 나아졌다는 사실입니다. 이렇게 공기오염이 심한데, 지금보다 20년 전이 더 심했다니 충격적인 이야기가 아닐 수 없습니다. 아이러니한 상황이기도 하고요. 그런데 왜 우리는 20년 전에는 공기오염에 대해서 생각하지 못했을까요? 지금은 더러운 공기 때문에 못 살겠다고 아우성치는데 20년 전에는 왜 그런 생각을 전혀 하지 않고 살았을까요?

그 이유는 20년 전에는 미세먼지가 무엇인지, 공기오염이 얼마나 위험한지 자각하지 못했다는 것입니다. 그러나 그것을 알게 된 후에는 공기의 질을 중요하게 생각하게 되었습니다. 공기가 좋지 못한 날에는 재난 문자가 뜨고, 이러다 곧 죽는 건 아닌가 하는 두려움을 호소하는 사람도 있을 정도입니다. 이런 모습은 모두 공기에 대해 자각하는 것으로부터 시작된 것입니다. 자각하는 것은 얼마나 중요한 일인지요.

복음도 자각에서 출발한다고 생각됩니다. 먼지 때문에 우리의 일상이 바뀌는 것처럼, 우리가 예수 그리스도의 의미를 자각한다면 그때부터 삶은 완전히 다른 기준과 형태로 이루어지게 될 것입니다. 저는 이 땅에서 한 번뿐인 삶을 살아가면서 가장 값진 삶이 어떤 것이냐고 묻는다면, 그 대답은 당연히 하나님을 전하며 살아가는 삶이라고 생각합니다. 하나님이 부르신 자리에서 자신의 달란트를 가지고 하나님을 찬양하고 복음을 전하는 삶이야말로 최고의 삶이며 축복이라는 것을 자각하고 있습니다.

하나님을 만난 사람들은 지금 이 시간에도 어떻게 세상 속에서 삶으로 하나님을 전하며 살아갈 수 있을지 고민하고 있으며, 하나님의 사람으로서 다른 이들에게 영향력을 발휘하고자 열심히 노력하고 있습니다.

그런 의미에서 저에게 공간이란 의식주를 해결하는 매개체가 아니라 하나님을 전하는 도구였으며, 지금도 공간을 통해 하나님을 전하고 찬양하기 위해서 열정을 태우고 있습니다. 하나님이 주신 저의 달란트를 가지고 공간이라는 영향력 있는 매개체를 통해 복음을 전하는 삶을 살게 된 것에 감사드립니다. 이것은 제가 복음을 자각하고 있기 때문입니다. 따라서 당연히 일이 즐거울 수밖에 없고, 만족을 넘어서 감사의 고백이 나올 수밖에 없습니다. 하나님이 원하시는 진짜 인생의 목적을 알았기 때문입니다. 그렇기에 땅속에 있는 보석을 발견하고 전 재산을 들여 그 밭을 샀다는 천국의 비밀이 공감되고, 연봉이나 세상의 가치관에 대한 고민은 하나님을 전하는 보석 같은 삶을 위해서는 아무런 필요가 없다는 것을 깨닫고 있습니다.

경험하며 즐길 수 있는 상업공간을 고민하다

야마하 매장의 디자인 작업은 개인적으로 제 작업의 경계를 넓히는 경험이었습니다. 십자가가 없는 상업공간에서 사람들의 라이프스타일을 돕는 작업을 하면서, 교회를 벗어나 세상으로 나아가는 복음의 의미와 가치를 자각하고 경험하게 해주었습니다.

고양시에 위치한 스타필드는 규모로도 가히 한국 최고를 자랑하는 쇼핑몰입니다. 그리고 스타필드 안에 위치한 야마하 매장은 그곳에 입점해 있는 500여 개의 브랜드와 함께하고 있습니다. 이 작업은 그곳에 자리 잡은 수많은 브랜드와 공존하는 동시에 야마하만의 차이점을 만들어내야 하는 프로젝트였습니다. 야마하 본사 또한 이곳의 매장이 한국에서도 대표성을 가진 공간이 되기를 바라는 마음으로 제게 의뢰했던 것 같습니다. 본사와 협의하면서 의기투합한 부분은 고객들이 매장에 와서 쉽게 야마하의 제품을 경험할 수 있는 경험의 공간이 되게 하자는 것이었습니다.

500여 개 브랜드가 입점해 있는 이곳에서도 다른 브랜드들과 차별성을 지니고 야마하 매장의 대표적인 공간이 될 수 있는 독창적인 조형성을 확보한다는 것 그리고 동시에 고객들이 쉽게 야마하의 제품을 경험하며 즐길 수 있는 공간이 되게 한다는 두 가지 목표를 가지고 매장 디자인을 시작했습니다. 때마침 그즈음 잡혀 있던 일본 출장에서 일부러 시간을 내어 도쿄 긴자에 가장 큰 규모로 세워진 야마하 매장을 방문하여 참고하기도 했으며, 야마하 매장만의 조형성을 위해 많은 고민을 하고 공간에 대해서도 더 많이 공부하고자 애썼습니다.

악기 매장의 특성을 살린 공간 디자인

이곳의 야마하 매장을 방문하면 먼저 4미터가 넘는 높은 천장고를 수백 개의 파이프관으로 굴곡 있게 설치하여 구현한 벽면 디자인에 시선이 갑니다. 이 벽면 디자인에 사용된 파이프관은 오선지에 그려져 있는 음표 같으면서도, 라운드로 몇 겹으로 설치되어 있어서 피아노 형상을 떠오르게도 하고 노래 악보 같기도 하다는 평을 듣고 있습니다. 파이프 관 하나하나마다 설치된 작은 조명들 덕분에 조형물이 더욱 입체적인 공간을 만들어주고, 또한 이 조형물이 매장에 놓인 악기들과 조화를 이루어서 악기들을 돋보이게 도와줍니다.

이 벽면 조형물은 보는 것만으로도 야마하가 음악에 관련된 브랜드라는 것과, 악기를 판매하는 브랜드라는 것을 쉽게 이해할 수 있게 해줍니다. 이 공간은 브랜드의 감성과 기능을 시각적으로 보여주면서, 제품이 더욱 돋보이게 해야 하는 고난도 감성의 작업 결과이기도 합니다.

조형성을 가진 매장을 완성하기 위해 지나치게 집중하다 보면 자칫 출연진은 좋지만 스토리가 빈약한 영화처럼 돈만 많이 쓴 최악의 공간이 될 수 있기에, 매장에 놓이는 제품들과 전체적인 밸런스를 맞추는 것에 노하우를 집중했습니다.

매장의 전체적인 분위기는 집의 거실 분위기를 차용했습니다. 따뜻한 공간과 거실만의 편안한 감성을 표현하기 위해 전체적으로는 우드 재질을 사용하면서 웜 그레이 톤을 유지했습니다.

디자인 회의를 진행하는 동안 '심플하지만 밋밋하지 않게'라는 이야기를 많이 했는데, 같은 듯 다른 의미를 내포한 이 표현을 공간에 담기 위해 더욱 세밀하게 노력했습니다. 그리고 그 결과, 악기 영역마다 악기를 받쳐주는 패널의 사이즈와 모양을 통일하고, 거기에 디테일을 조금씩 다르게 설계하여 단순미를 구현하면서도 세밀한 재미를 구현한 공간으로 완성할 수 있었습니다. 또 많은 종류의 악기를 지니고 있다고 자랑하고 싶은 마음을 누르고, 전체 악기를 세 개의 군으로 나누어 그 특성을 보여줄 수 있도록 디스플레이했습니다. 덕분에 매장에 들어오는 사람들은 쉽게 악기의 종류에 대해 이해할 수 있게 되었고, 야마하가 피아노만 판매하는 회사인 줄 알았는데 이렇게 다양한 종류의 악기가 있었느냐며 놀라는 반응도 많았습니다. 정보는 단순하게 제공하고, 그 안에서 다양한 악기를 보여주는 상업공간으로 완성된 것입니다.

매장 앞에는 오가면서 전자 드럼과 전자피아노를 바로 시연할 수 있도록 배치했습니다. 단순히 매장 앞에 놓인 악기를 연주해볼 수 있다는 사실을 뛰어넘어, 악기 앞을 낮은 파티션으로 막아 실제로 악기를 연주하고 싶은 사람이 가려진 독립적인 공간에서 연주에 몰입할 수 있게 도와줍니다. 또 악기와 함께 설명서는 물론 여러 악보를 쉽게 볼 수 있도록 배치하여, 야마하의 제품들을 깊이 있게 경험할 수 있도록 하였습니다.

이런 세밀한 디자인이 야마하 매장을 완성하는 데 굉장히 중요한 포인트가 되었고, 그 결과 이 매장은 주말이면 사람들이 줄을 서서 대기하는 인기 있는 매장이 될 수 있었습니다. 자사 제품의 우수성과 심미성만을 보여주겠다는 과거의 생각을 과감히 내려놓고, 연출된 공간에서 악기가 얼마나 재미있고 즐거운 것인지 직접 경험할 수 있게 하려는 고객 중심의 접근이 있었기에 가능했던 결과입니다. 또한 악기군마다 거실에 놓인 것처럼 연출하여, 실제로 집에 있다면 이렇게 사용할 수 있겠구나 하는 상상력을 심어주었습니다. 이런 부분도 고객이 제품을 구매하는 데 도움을 주었습니다. 저는 이후 다른 악기 브랜드의 매장 디자인도 의뢰받게 되었으며, 이 매장은 스타필드 내에서도 좋은 매장으로 지목될 정도로 좋은 결과를 얻을 수 있었습니다.

● 완성된 야마하 매장 모습

● 오픈 후 매장 모습. 앞쪽의 드럼 체험 부스에서 고객이 드럼을 치고 있으며, 많은 사람이 악기를 둘러보고 상담하고 있다.
●● 야마하 잠실 월드타워점 매장의 시공 후 모습

횡적인 연결과 종적인 연결이 기초를 이룬 공간

현대에는 세상에서 유일한, 독특한 공간 디자인이란 없다고 할 수 있습니다. 또한 인테리어를 좋은 자재로 했다거나 하는 하드웨어의 평가도 사라졌습니다. 그만큼 정보가 널리 퍼지고, 실력 역시 평준화되어 독보적인 새로움이 없으며, 하드웨어의 차이도 크지 않기 때문입니다. 그러나 먼저 이 시대에 어떤 공간이 필요한지 확실히 자각한다면 타 브랜드와는 완전히 다른 공간으로 디자인할 수 있고, 사람들이 많이 찾고 오래 머무는 공간으로 변화시킬 수 있습니다.

현대의 공간에는 두 가지 특징이 나타나는데, 저는 첫 번째 특징을 횡적인 연결이라고 정의합니다. 이것은 여러 가지 기능을 가진 공간이 다른 공간과 연결되어 통합적인 하나의 공간으로 완성되는 것을 지칭합니다. 이렇게 각각 다른 공간들이 연결되어 통일된 공간으로 완성된다면, 궁극적으로는 사람들이 그 공간에서 오랜 시간 머무르게 되고, 연결된 여러 기능이 시너지를 일으켜 많은 사람이 찾는 공간이 됩니다.

이런 공간의 형태는 라이프스타일을 제안하는 공간에서 많이 나타납니다. 쉽게 예를 들면, 요즘 서점들의 변화도 여기에 포함됩니다. 단순히 책만 파는 것이 아니라 책을 볼 수 있도록 돕고, 차와 음료를 제공하며 필요한 문구류를 같이 구매할 수 있도록 다른 기능의 공간들을 횡적으로 연결한 형태로 바뀌고 있습니다. 이것은 공간의 남용이 아니라 서점 안에서 오래 머무르고, 여러 기능을 소화할 수 있도록 하여 궁극적으로 공간에 대한 충성도를 높이는 효과를 가져옵니다.

공간의 멀티유즈도 이런 횡적인 연결에 포함됩니다. 한 공간이지만 서너 가지 기능을 감당할 수 있도록 구현하면 사람들의 필요를 한 공간에서 충족시키고, 오랫동안 그 공간에 머물 수 있도록 돕기 때문입니다. 이런 공간은 요즘 유행하는 공유 사무실에서도 쉽게 볼 수 있습니다.

두 번째 특징은 종적인 연결이라고 할 수 있습니다. 한 영역의 소개에서 멈추지 않고 그 영역을 체험하고 경험하게 하는 공간입니다. 최근의 가장 중요한 키워드는 바로 경험입니다. 우리는 경험을 통해서 자각할 수 있고, 브랜드의 경우에는 고객의 충성도를 높일 수 있기 때문입니다. 우리는 다양한 경험을 하려고 기꺼이 비용을 지불하는 시대에 살고 있습니다.

이 두 가지 특징이 잘 담겼다면 사람들이 찾고 즐길 수 있는 공간이 될 수 있습니다. 이것은 이론이라기보다는 시대의 요구인 것 같습니다. 그렇기에 종교적 공간이나 상업공간, 주거공간에 모두 기초가 됩니다. 고양 스타필드에 위치한 야마하 매장도 횡적인 연결과 종적인 연결이 튼튼한 기초를 이룬 공간입니다.

연결

여가와 쉼의 시간을 갖다

수원소망교회 커뮤니케이션 동

지역에 뿌리 내리며 성장하는 교회의 공간

인구 감소와 기독교 평판의 퇴보로 많은 교회가 사라지고 성도 수가 기하급수적으로 줄어들고 있는 이 시대에도 신기할 만큼 성장하는 교회들이 있습니다. 시대의 난관을 이겨내고 성장하는 교회들의 역동성을 응원합니다. 이 책을 출판하게 된 것도 성장의 도구로 제 노하우가 활용되어, 성장하는 교회들이 더 많아지기를 소원하는 마음이 계기가 되었습니다.

교회의 성도 수가 점차 늘어나고 성장하는 시기가 되면, 그 성장에 맞추어서 하드웨어 시스템도 같이 확장되어야 하는 상황을 맞이합니다. 대부분의 교회가 바로 예배당을 확장하고 건축하는 것은 현실적으로 어렵기 때문에, 예배당보다는 서포트 공간들을 확충하면서 성장에 대비하게 됩니다. 이는 당연한 절차이며 서포트 공간, 예를 들면 소그룹 공간, 사무실, 새 신자실, 어린이 예배실, 문화공간 등을 적절한 타이밍과 사이즈로 준비할 수 있는지가 이후 성장의 발판이 됩니다. 작은 교회라면 재정과 공간의 한계가 있기 때문에 이 시점에서 공간 전문가들과 협업하는 것을 추천합니다.

1990년대까지만 하더라도 교회의 성장에 맞추거나 성장의 모멘텀을 위해 바로 건축을 실행하는 교회가 많았습니다. 그리고 그것이 실질적으로 효과를 많이 얻기도 했습니다. 그러나 이제는 콘텐츠가 뒷받침되지 않은 상황에서 하드웨어로만 접근했다가, 성장에 실패하거나 성장이 꺾이는 교회도 많은 것이 사실입니다.

지금은 지역에 차근히 뿌리를 내리고, 기반을 다지며 지역과 함께 성장하는 교회가 필요한 시대입니다. 물론 그 과정에서 여러 가지 실수나 시행착오를 겪을 수도 있습니다. 그것은 당연한 과정이기도 하지만, 그 과정을 얼마나 줄이느냐에 따라 성장의 시간과 폭을 바꿀 수 있습니다.

수원소망교회는 작은 교회가 성장하는 과정을 잘 보여주는 교회입니다. 지역 안에서 차근차근 콘텐츠를 개발하고, 지역과 더불어 성장하고 있기 때문입니다. 또한 그에 따라 어떻게 교회의 하드웨어를 확충해가고 있는지도 눈여겨볼 만합니다.

주위 환경과 감성의 조화를 이루는 공간을 위해

수원소망교회의 상황을 이해하려면 먼저 교회가 위치하고 있는 지형적인 특징을 보아야 합니다. 이 교회는 뒤편에 작은 개천이 흐르고 있는 작은 공원 옆에 위치하고 있습니다. 이 공원은 매우 한적하고 아름답지만 이 공원이나 공원과 붙어 있는 수원소망교회를 찾아오려면 사방 어느 곳에서든지 횡단보도로 길을 건너와야만 합니다. 이 길은 8차선으로, 매우 교통량이 많은 대로입니다. 즉, 지역과 친근해지거나 더불어 성장하기에는 매우 어려운 상황을 가지고 있었습니다.

교회는 패널로 만들어진 건물 두 동과 콘크리트로 만든 건물 한 동으로 이루어져 있습니다. 공원과는 조화를 이루고 있지만 교회가 위치한 신도시와는 전혀 외관이 어울리지 않을뿐더러 언뜻 보면 허름한 느낌까지 들어서, 십자가가 없었다면 마치 공원에 체육관이 있는 것 같기도 합니다. 공간은 시간과 감성을 이끌어간다는 말이 있습니다. 공간은 사람의 감성에 영향을 주고 경험을 제공하여 추억과 기억을 주기 때문입니다.

교회도 주위 환경과 감성적으로 조화를 이룰 때 지역 주민들에게 편안하게 다가가는 공간이 될 수 있습니다. 예를 들어 수원의 광교 지역이 신도시로 개발되기 전에, 그 지역과 조화를 이루고 있던 교회가 있었습니다. 그 교회는 벽돌로 지어지고 철탑이 있는 자연스러운 분위기였고, 그 교회가 뿜어내는 감성이 지역과 어울렸기에 지역의 랜드마크와 같은 역할까지 하고 있었습니다. 그런데 광교에 신도시가 조성되고 도로와 아파트, 상업시설이 개발되고 나니, 이제는 유행하는 노출 콘크리트로 지어진 모던한 분위기의 교회가 더 지역과 어울리는 것처럼 보이게 되었고 이 지역에 정착한 사람들이 먼저 찾는 공간이 되었습니다.

수원소망교회는 신도시가 조성되기 전, 또는 신도시 초기에 지어졌기에 지금의 지역 분위기에 다소 어울리지 않는 모습을 취하고 있다고 추정되었습니다. 교회 외관은 패널로 지어진 3층 높이의 건물 두 동이 아담하게 다가오고, 대리석으로 마감된 콘크리트 건물도 그리 높지 않게 자리 잡고 있습니다. 주차장도 콘크리트로 지어진 건물에만 있었습니다. 결국 지형적으로나 건물의 규모로나 주변 지역과 조화롭지 못했고, 공간 확장에도 어려움이 있어 성장하는 데 제약이 많은 것으로 보였습니다.

그러나 지역에 뿌리를 내리고 담임목사님도 새로 부임하고 성도들도 늘어나면서 수원소망교회는 성장을 뒷받침하는 환경을 만들기 위해 고심하기 시작했습니다. 기존 부지의 건물을 모두 헐어버리고 새로 하나의 큰 건물을 신축하거나 부지를 팔고 다른 곳으로 이전하는 등 다양한 방법을 고려하기도 했습니다. 그러나 이는 모두 재정 부담이 크고 극단적인 방법이기에 교회는 지혜로운 방법을 고민하면서 리모델링으로 방향성을 정하고, 저에게 교회공간의 컨설팅을 요청했던 것입니다. 재정을 무리하지 않고 교회 리모델링을 결정한 것과 전문가를 찾아 상담하고 협의를 하는 모습은 성장을 시작한 교회들에게도 좋은 본보기가 되었습니다.

미래를 준비하는 모멘텀, 이음의 철학을 공간에 구현하다

그 이후 몇 달간의 연구와 회의, 묵상을 통해서 저는 교회와 함께 방향을 잡았습니다. 결론적으로 가장 비용이 적게 들면서 효과를 크게 낼 수 있는 방법을 제시했습니다. 그것은 세 개의 건물 중 가운데 위치한 가장 작은 건물에 스토리를 담아 복합공간으로 활용하도록 하는 것이었습니다.

처음 교회에 방문했을 때 지역과 어울리지 않는 건물 외관이 제게도 부담으로 다가왔습니다. 그래서 가장 많이 논의했던 것 중 하나는 바로 건물 외관의 마감재를 바꾸어야 하는가였습니다. 그러나 지금 외관을 바꾼다면 똑같이 패널로 건축된 옆 동 건물에도 손을 대야 하기에, 과연 외관을 수선했을 때 들인 비용만큼의 효과를 가져올 수 있을지에 대해 고민하고 연구하는 시간을 보냈습니다.

결국 고심 끝에 이번 프로젝트의 목적은 교회의 철학을 공간에 구현하는 것이라는 점을 되살려, 건물의 외관을 그대로 사용하면서 그 위에 스토리의 콘셉트를 더해 보완하는 것으로 정하고, 절약되는 비용은 외부 조경에 투자하는 것으로 방향을 결정했습니다.

● 건물의 스토리를 상징하는 조형 요소로 건물의 스토리인 '이음'을 상징한다.

이것은 현실적으로 쉬운 결정은 아닙니다. 이왕 리모델링을 하는 김에 외관까지 깔끔하게 고쳐서 성도와 지역 주민들에게 보여주고, 확 바꿔보고 싶은 마음을 내려놓기는 쉽지 않기 때문입니다. 그러나 이번 프로젝트는 마감재를 교체하거나 공간에 기능을 추가하는 것이 목표가 아니라 거기에서 한 단계 더 나아가 교회의 미래를 준비하는 모멘텀이 될 수 있도록 철학과 스토리를 담아내는 것이 목표였기에, 디자인 철학을 공유하며 외부 마감재를 바꾸지 않기로 결정했습니다.

리모델링의 콘셉트는 '이음'으로 정해졌습니다. 제가 하는 다른 작업들처럼 수개월의 묵상을 통해서 교회와 지역을 이어주는 공간, 성도와 성도가 이어지는 공간, 세대와 세대가 이어지는 공간으로 만들기 위해 스토리보드를 만들었습니다. 지역 주민들이 스스럼없이 찾아와 머무는, 지역과 교회를 이어주는 공간이 되게 하고, 성도들 사이에 깊이 있는 교류가 이루어지도록 성도와 성도를 이어주는 공간이 되게 하며, 마지막으로 10대에서 어르신까지 모든 세대가 함께 어우러지며 세대와 세대가 이어지는 공간이 될 수 있도록 이야기를 담았습니다.

리모델링을 하게 된 건물은 앞에서 언급한 것처럼 세 건물 중 가운데 있는 3층 건물입니다. 1층은 카페 공간이고 그 안에 작은 유아방도 있어서 어린아이가 있는 어머니들도 편하게 카페를 이용할 수 있습니다.

그러나 지역과 교회를 잇는 공간이 되려면 공간 자체에 매력이 있어야 합니다. 교회 근처에는 다양한 브랜드의 프랜차이즈 커피숍부터 이런저런 모양의 카페가 많고, 각각 개성과 자기만의 독특한 커피 맛도 가지고 있습니다. 가격이 조금 싸다고 해서 교회의 카페로 사람들이 찾아올 것이라는 생각은 착각에 불과합니다. 유아방이 있다고 해서 아이 엄마들이 모두 찾아올 것이라는 생각에서도 벗어나야 합니다.

교회만의 색깔을 담아내는 디자인

많은 교회들이 성장을 이루어가는 과정에서 제 디자인은 도구가 되었고, 저 또한 성장하는 교회들을 만나면

● 1층 카페 내부 모습
●● 카페 주변 공원의 조경을 느낄 수 있는 야외 테라스

서 많은 것을 경험하게 되었습니다. 결국 교회 카페에 주민들이 찾아오게 하는 방법은 저렴한 커피 가격이나 커피 맛만으로는 한계가 있습니다. 인테리어를 고급스럽게 한다 해도 브랜드 카페를 쫓아갈 수는 없습니다. 해답은 교회만의 색깔을 공간에 담아내는 것입니다.

저는 교회 카페만의 매력을 만들기 위해 우선 교회와 하천이 만나는 부분의 울타리와 구조물들을 과감히 없애고, 카페에서 하천이 내려다보일 수 있도록 테라스와 한쪽 벽면을 전부 폴딩 도어로 바꾸었습니다. 그 결과 카페 안으로 공원과 하천이 들어온 듯한 효과가 생겼습니다. 밖에서 교회 건물을 보면 전과 똑같지만, 건물 안으로 들어오면 지역에서 가장 크게 트인 공간에 자연과 하천이 담긴 매력적인 공간으로 변화한 것입니다. 생각의 폭을 조금 넓힌 결과, 주위 환경을 최대한 이용해 아무리 많은 돈을 들여도 구현하기 힘든 사계절 자연 인테리어를 도입하게 된 것입니다.

이러한 점들이 매력이 되어 이곳은 기존 성도들이 가장 즐겨 찾는 공간이 되었습니다. 평일에도 많은 성도들이 다른 주민들을 초대하여 같이 오고, 그들이 또 다른 이웃을 초대하는 순기능이 저절로 이루어졌습니다. 또 주일에는 성도들의 교제공간이 되고, 그룹 성경공부공간, 새 신자를 위한 교육공간 등 성도들이 늘어나면서 필요했던 공간을 확충하는 역할도 감당합니다.

이후 한 해 동안 계수해보았더니 약 50%의 인원이 새 신자로 교회를 찾았고, 정착률이 90%를 넘는 성과가 있었음을 알 수 있었습니다. 교회 축제 행사 때는 대기번호가 100번을 넘어서는 등 이 공간은 그야말로 교회공간의 메인 콘텐츠가 되어 교회의 성장에 일조하였습니다. 또 단순히 경제적으로만 보아도 돈을 들이지 않고도 3~4개의 새 공간이 새로 생긴 결과를 가져왔습니다. 이 리모델링을 통해 확충한 서포트 공간은 교회의 철학을 구현하며 공유하는 공간으로 또 다른 성장을 준비하는 기반이 되고 있습니다.

한편 카페 공간의 위층인 2층은 중고등부의 예배실로 사용됩니다. 정확하게 표현하면 10대들의 아지트 공간입니다. 익숙한 교회 의자는 하나도 없고, 바닥은 에폭시로 마감하고 천장도 레일 스폿 조명을 달아 마치 콘서트장 같은 분위기를 연출합니다. 어떻게 보면 홍대 클럽 같은 분위기로 중고등부 청소년들의 공간이 될 수 있도록 했습니다. 만일 그렇게 하지 않았다면 작은 교회의 특성상 다른 행사나 모임이 있을 때 어른들이 이 공간을 수시로 사용하게 되어, 10대들만의 공간이 되기는 어려웠을 것입니다. 그들이 좋아하는 감성으로 만드는 것도 중요하지만 그들만이 누릴 수 있는 공간이 되도록 장치를 만들어주는 것도 배려입니다. 이것은 청소년들을 위한 교회의 의지가 있었기에 가능했던 것입니다.

그런데 이 공간에서 10대들이 예배를 드리는 날에는 강대상 뒤편을 막고 있던 전면 커튼이 걷힙니다. 그러면 예배당에서 하천은 물론 동네의 풍경이 한눈에 볼 수 있게 펼쳐집니다. 그 풍경을 배경으로 아이들이 예배를 드리게 되는 것이지요. 이 또한 자연 채광은 별로 없고 전면에는 십자가가 보이던 예배당의 기존 개념을 탈피한 것으로, '이음'이라는 스토리가 있었기에 기획하고 구현할 수 있었던 공간입니다.

하나님을 만나는 경험이
이루어지는 공간이 되도록

수원소망교회 공간 작업을 하는 동안 저는 직원들과 현장에서 그날의 공사 일정이 끝나면 같이 기도회를 진행했는데, 특히 중고등부 학생들을 위한 2층 공간을 위해 기도하던 시간에는 제 어린 시절이 많이 떠올랐습니다. 그중에서도 특히 고등학교 1, 2학년 시기에 가르침을 주셨던 선생님이 더욱 기억났습니다.

그때 선생님께서 사소한 것도 하나님께 기도하라고 가르쳐주신 덕분에 저는 기도가 거창한 것이 아니라 하나님과 대화하는 것이라는 사

● 큰 창을 통해 자연을 느낄 수 있는 2층 중고등부 예배실

● 3층 소그룹실로 향하는 복도
●● 층을 이어주는 계단에도 그래픽 패널을 활용하여 소통할 수 있도록 했다.

실을 배웠고, 그것은 장년이 된 지금까지도 하나님께 가까이 다가갈 수 있는 기초가 되었습니다.

어느 날 선생님은 어두운 표정의 제 얼굴을 보고 무슨 걱정이 있는지 물으셨습니다. 돈이 많이 들어가니 미술대학 진학을 포기했으면 좋겠다고 어머니께서 말씀하셔서, 그렇게 하려고 마음먹었던 때의 일입니다. 그렇지만 막상 미술을 그만두려고 하니 며칠간 마음이 무거워서 얼굴에 드러났었나 봅니다. 그런 사정을 이야기하자 선생님은 저에게 디자이너의 꿈을 잃지 말라고 격려해주셨고, 제 어머니께도 여러 가지로 설득을 해주셨습니다. 그야말로 제 인생의 전환점을 만들어주신 겁니다.

제가 10대에 하나님을 만나지 않았다면 암울했던 가정환경에서 디자이너의 꿈을 꿀 수 있었을지, 또 고마운 선생님을 만나고, 그뿐만 아니라 하나님의 계획을 기대할 수 있었을까 돌아보니 10대에 하나님을 만나는 것도 인생의 복이라는 고백이 자연스럽게 흘러나왔습니다.

기도합니다. 이 공간에 예배드리러 오는 학생들이 하나님을 만나는 경험이 이루어지는 공간이 되도록 기도합니다. 10대 청소년들이 사춘기를 겪으면서 방황하거나 자극적인 문화에 빠져 흔들리지 않고, 하나님의 비밀을 발견하여 제가 경험했던 위로와 소망을 노래하기를 소원합니다. 그것을 위해 디자인하는 삶이 저의 임무입니다.

이제 3층으로 올라가면 긴 복도를 사이에 두고 여러 개의 소그룹실로 나누어져 있습니다. 3층은 신발을 벗고 들어가는 구조로, 바닥에 난방시설이 되어 있다는 것이 특징입니다. 이것은 시니어 분들의 라이프스타일을 고려했기 때문입니다. 따뜻한 온돌문화에 익숙한 어르신들이 예배 후에도 오랫동안 머물며 이곳에서 소일거리를 하거나 쉴 수 있도록 배려했기에 탄생한 공간입니다.

이와 같이 리모델링된 건물은 각 층마다 각각 다른 연령층을 위한 공간을 가지고 있으면서, 한편 하나로 이어졌을 때 큰 힘을 발휘할 수 있게 완성되어 있습니다. 그것은 바로 이 공간이 '이음'을 중심에 두고 출발했기 때문입니다.

이음의 의미를 성찰할 수 있는 공간으로 완성되다

이 건물에는 공간마다 '이음'을 상징하는 조형물이 있습니다. 그 의미가 바로 이해되지는 않겠지만, 지속적으로 공간을 사용하다 보면 무의식적으로 그 조형물의 존재를 의식하게 되고 그것이 주는 메시지를 인지하게 됩니다. 그리고 그러한 공간이 창의적인 공간이라는 것을 알기에, 저는 최초 설계 단계에서부터 이런 점을 고려하여 공간을 통해 '잇는다'는 스토리가 잘 전달될 수 있도록 고민하여 이를 설계도에 구현했습니다.

창의적인 스토리가 담긴 공간은 시간성과 영성(감성)을 품을 수 있습니다. 그런 공간에 가면 우울하고 외롭던 마음도 한결 평안해지고 힐링이 되기도 하는데, 그것은 바로 공간의 스토리가 영성에 영향을

● 수원소망교회 커뮤니케이션 동 외부 모습

미치기 때문입니다. 또 그런 공간은 시간성을 지니고 있어서, 우리에게 좋은 기억을 선물합니다.

수원소망교회는 세련된 마감재로 외관을 바꾸려 했던 애초의 계획을 지혜롭게 내려놓고, 적은 비용으로 교회의 성장에 필요한 공간들을 확보한 것은 물론, 지역에 경쟁력 있는 문화공간을 제공하여 많은 사람들이 찾는 교회가 되었습니다. 이것은 전적으로 교회가 추구하는 철학을 발견하고 그것을 스토리화하여 공간에 구현했기 때문에 이루어진 결과입니다.

허름한 건물을 더욱 자연스럽게 외부 환경과 동화되게 하였고, 예술성 있는 조형물로 공간의 특징을 잡으며 '이음'이라는 메시지를 전할 수 있도록 완성된 이곳의 공간은 다시 한 번 성장을 준비하는 과정에서 시행착오로 어려워하는 다른 교회들에게도 모범답안이 될 것입니다.

선물

힐링과 휴식을 주다

방송인 전현무 씨, 신원호 피디 자택

가족이 함께 살아가는 공간, 집

주거공간을 작업할 때는 그 집에 어울리는 그릇까지 직접 골라 배치할 정도로 통일성과 스토리 완성에 집중합니다. 그처럼 사용자들이 공간을 사용하면서 느끼게 될 통일성을 고려하면서 노력을 기울이기에, 저만 알 수 있는 뿌듯함도 있습니다. 디테일한 공간의 완성을 위해서는 다양한 가구의 특성이나 가전제품, 커튼은 물론 침구와 때로는 빨래걸이에 이르기까지 각각의 특성을 이해하고 있어야 하므로, 지속적으로 다양한 생활용품에 대해서도 공부하고 있습니다.

그러나 제가 사는 집에 대해서는 전혀 신경을 쓰지 않았습니다. 가수는 집에서는 노래하지 않고, 요리사도 집에서는 요리하지 않는다는 이야기가 있듯이, 저도 밖에서는 공간을 꾸미는 일을 하면서 살지만 집의 공간까지 꾸미는 것은 힘에 부쳤습니다. 집에서만큼은 아무 생각 없이 생활하고 싶었는지도 모르겠습니다.

그런데 아이들이 성장하면서 점차 딸들을 위해 집을 꾸미고 싶다는 생각이 들었습니다. 명품이라는 이탈리아 원목 가구나 유행하는 북유럽풍 조명으로 꾸미는 것이 아니라 그저 우리 가족을 위한, 가족의 이야기를 담은 집을 꾸미고 싶었습니다.

그러다 큰아이가 초등학교 6학년이 되었을 때 비로소 집을 리모델링하게 되었습니다. 그때 가장 중요하게 생각한 것은 제가 아이를 열렬히 응원하고 사랑하는 마음을 공간을 통해 전달하고 싶다는 것이었습니다.

우선 큰딸 이지의 미술작품들을 모두 모아서 펼쳐보았습니다. 그중에서 물감으로 칠한 종이를 가지고 입체적으로 만든 작품이 눈에 띄었습니다. 아이에게 어떤 마음으로 만든 것인지 물으니, 우리 집 베란다에서 피던 장미를 연상하고 꽃이 피어나는 것을 표현한 것이라고 대답하는 것이었습니다. 그래서 아이에게는 네가 꽃보다 더 아름답고 소중한 존재이며, 장차 아름답게 피어나 세상에 뿌리내리도록 엄마 아빠가 도와주겠다고 이야기해주고, 아이의 작품을 이용해 거실 아트웍을 시작했습니다.

먼저 3등분의 패널을 준비해 아이가 좋아하는 색으로 칠한 뒤 첫 패널에 아이의 작품을 넣고 배리에이션하여 배너를 만들었습니다. 두 번째 패널에는 가족이 함께 의지하고 싶은 성경 말씀으로 시트를 만들었고, 마지막 패널에는 선반을 만들어서 가족의 추억이 담긴 물건들을 올려놓을 수 있게 했습니다.

덕분에 아이가 친구를 초대하거나 교회 집사님들이 저희 집을 방문할 때면 든든한 응원단인 부모가 있다는 것을 자연스럽게 느끼게 됩니다. 이것은 가족과 가족이 살아가는 집을 통해서만 선물할 수 있는 감성입니다. 그리고 이 감성은 아이들이 성인이 되어도 힘든 사회를 살아나가는 데 큰 에너지가 될 것이라고 믿습니다.

자신만의 라이프스타일을 표현하는 집

국민소득 3만 달러 시대가 도래하고 SNS의 영향으로 자신이 살아가는 공간을 아름답게 꾸미고 자기만의 개성을 표현하는 문화가 널리 퍼지면서, 자연스럽게 집을 꾸미는 것에 대한 관심도 더욱 높아지고 있습니다. 그리고 이런 시대를 반영하듯 인테리어 정보를 담은 동영상이나 책들도 예전보다 훨씬 많아졌습니다. 그러나 많은 정보와 책들이 아직은 보기 좋고 그럴듯한 공간을 소개하거나 단순한 테크닉을 전하는 것에 머물러 있고, 자신의 삶을 더욱 가치 있게 만들고 자신만의 라이프스타일을 돕는 공간을 완성하기 위한 노하우는 부족한 것이 아닌가 하는 아쉬움이 생깁니다.

다양한 가구와 소품들, DIY 용품들도 많지만 과연 자기다운 집을 꾸민다는 것은 어떤 의미일까요? 방송인 전현무 씨 집이 한 가지 좋은 해답을 보여줍니다.

처음 만나서 집에 대한 이야기를 나눌 때부터 전현무 씨는 자신의 집이 자신에게 선물이 되었으면 좋겠다고 이야기했습니다. 바쁜 일상을 마치고 들어왔을 때 힐링과 휴식을 선물해주는 집, 열심히 살아온 자신의 삶을 응원해주는 가장 자기다운 공간이 되길 원한다고 했습니다. 집의 의미를 함축적으로 표현한 것이지요.

현대사회에서 집은 온전하게 쉼과 회복을 줄 수 있는 유일한 자신만의 공간이라고 생각됩니다. 저는 몇 번의 만남을 통해 이야기를 나누면서 '전현무다운 집'이 어떤 것일지 찾아나갔습니다. 어떤 계절을 좋아하는지, 어떤 음식을 좋아하는지, 어떤 색깔을 좋아하는지와 같은 표면적인 이야기부터 어린 시절의 집에 대한 기억, 방문했던 집 중에서 기억에 남았던 곳, 그동안 상상해왔던 집에 대해서 함께 이야기하고 기억을 형상화하면서 집을 구상했습니다. 그리고 그 결과를 세 가지 콘셉트로 정리해서 보여주자, 그는 자신의 이야기로 집을 완성하는 콘셉트에 대해 가장 큰 기대를 보였습니다.

개인의 이야기를 담은
가장 자기다운 공간으로

전현무 씨의 집은 마치 역사관처럼 과거, 현재, 미래로 공간이 유니크하게 디자인되어 있습니다. 현관에 들어서면 전현무 씨의 사인으로 디자인한 패널이 명판의 역할을 하며 걸려 있습니다. 또 공간을 나누어 시간의 흐름에 따른 그의 이야기를 집에 담았습니다. 과거의 이야기는 친구나 지인들과 활용하는 게임방과 서재에 담았고, 현재의 이야기는 거실을 위주로 담아냈습니다. 그리고 주방공간을 중심으로 미래의 이야기를 배치했습니다.

좀 더 구체적으로 설명하면 그의 일기와 노트, 좋아했던 게임을 가지고 어린 시절의 추억과 성장하여 방송인이 되어 라디오 디제이를 하던 시간까지의 이야기를 과거의 이야기로 담아 꾸몄습니다. 또 현재의 이야기 부분은 그가 방송인이 되어서 진행해온 프로그램의 큐시트와 수상한 상패들을 위주로 디자인했습니다. 특색 있는 것은 거실에 무대조명을 사용하여 마치 무대처럼 연출한 것입니다. 방송을 진행하는 그의 정체성을 표현하고, 주로 밤에 집에서 머무는 시간이 많은 그의 라이프스타일을 배려하여 간접조명을 설치했습니다.

미래의 소망을 담은 주방공간에는 전현무 씨의 얼굴을 닮은 진열장이 있습니다. 그곳에는 그가 해외에 나갈 때마다 사 모은 유리컵들이 장식되어 있습니다. 여기에는 사랑하는 사람들과 세계를 돌며 여행하고 싶다는 소망이 담겨 있습니다. 부모님과 해외의 이곳저곳을 여행하는 것이 그의 소망이기 때문입니다. 또 친구들과 맛있는 음식을 나누며 교제하는 것이 그의 소망이므로, 큰 사이즈의 식탁을 배치했습니다. 이것은 많은 이들과 함께 나누고 교제하는 그의 라이프스타일이 반영된 것이기도 합니다.

이렇게 완성된 전현무 씨의 집은 MBC의 〈나 혼자 산다〉라는 프로그램에 소개되면서 좋은 반응을 얻기도 했습니다.

● 전현무 씨와 함께 집에 대해 의견을 나누는 모습

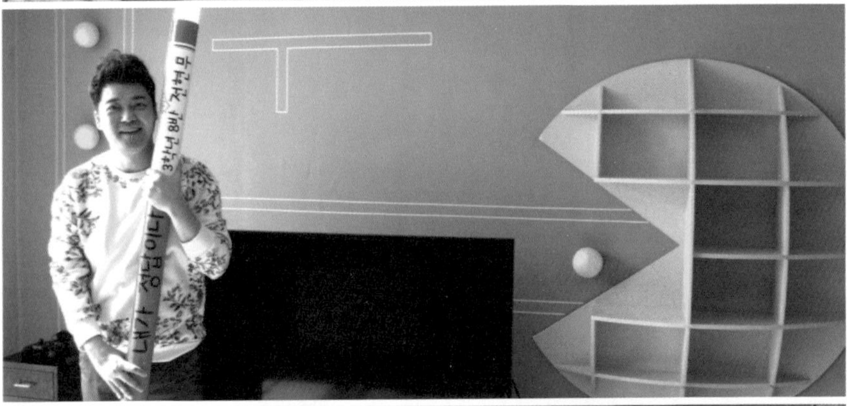

● 전현무 씨 집의 현관 앞 모습. 집에 대한 설명서와 사인 액자가 비치되어 있다.

●● 과거의 이야기가 담긴 게임룸&게스트룸

●●● 과거의 이야기가 담긴 서재. 라디오 부스 스타일로, 팬들이 보낸 엽서와 편지들이 장식되어 있다.

● 전현무 씨의 사인을 이용해 제작된 도구들이 놓인 주방. 뒤편으로는 현재의 이야기가 담긴 거실이 보인다.

자녀들을 위한 재미있는 공간, 신원호 피디의 집

이렇게 전현무 씨의 집이 자신의 이야기로 완성된 집이라면, 자녀들과의 이야기로 완성된 집도 있습니다. 〈응답하라 1997〉, 〈응답하라 1994〉, 〈응답하라 1988〉 시리즈로 유명한 신원호 피디의 집입니다.

첫 만남에서 그가 요청한 것은 재미있는 집을 만들어 달라는 부탁이었습니다. 역시 창의력이 뛰어난 신원호 피디답다는 생각도 들었지만 범상치 않은 부탁에 긴장을 했던 기억이 있습니다.

이 집의 가장 큰 특징은 가족의 영문 이름을 공간마다 활용한 것입니다. 신원호 피디가 그동안 받은 트로피와 수상패들이 진열되어 있는 진열장에는 영문으로 신원호 피디의 성과 아내분의 성이 적혀 있습니다. 이것은 자기 혼자만의 노력이 아니라 가족이 있었기에 그동안의 성과가 가능했다는 그의 고백을 모티브로 마련한 것입니다. 또 아이들의 방에도 책장과 장식장이 아이들의 이니셜로 꾸며져 있어, 친구들이나 이웃이 집을 방문하면 누구의 방인지 쉽게 알 수 있습니다.

신원호 피디와 저는 두 딸을 양육하고 있다는 공통점이 있습니다. 집에는 딸들을 위한 재미 요소가 몇 가지 있는데, 첫 번째는 거실의 베란다를 이용해 스탠드와 벽장 1인 쿠션을 만든 것입니다. 마치 운동장에 있는 스탠드처럼 거실에 계단을 만들어, 이곳에 앉아서 놀이도 하고 책도 읽고 텔레비전도 볼 수 있게 했습니다. 때로는 누워 있을 수도 있고 벽면에 뚫린 벽장 쿠션에 앉아 책을 읽을 수도 있습니다. 나중에 우리가 세상에 없고 딸들이 자라 우리 나이가 되었을 때, 자신들을 위해서 부모님이 이러이러한 집을 만들어주었지, 라고 기억되고 싶다던 신 피디의 고백이 마음에 큰 울림을 주었습니다.

이렇게 그의 집은 자신과 자녀들을 위해 꾸며졌습니다. 집에서 가장 중요한 것은 바로 그곳에서 살아가는 나와 가족이라는 마음으로 가족에게 힘이 되고 추억이 되는 집을 만든다면, 그 집은 어떤 유명한 공간이나 고급 호텔보다도 더욱 아늑하고 편안한 공간이 될 것입니다. 그 집에서 아이들이 안전하게 성장하고, 부모와 추억을 쌓아나가기를 기대합니다.

● 신원호 피디와 함께

추억과 경험을 제공하는 공간

추억이라는 의미는 과거 시간의 향수나 회상의 의미도 있지만 오늘의 시간이 미래에 좋은 추억으로 기억되는 것을 기대하는 것을 포함하고 있다. 경험의 의미 또한 단순히 액티비티를 의미한다기보다는 자신을 느끼는 것, 시간을 의미 있게 보내는 것 등으로 포괄적인 개념을 가지고 있다

추억과 경험을 제공하는 공간은 공간만으로도 인간의 감성과 오감을 자극하기에 세상에서 하나밖에 없는 유일한 공간이 되어서 차별화된 공간으로 완성되며 많은 사람들이 찾아오고 즐기는 공간으로 사랑받게 된다.

과거의 향수를 감성적으로 표현한 대표적인 공간으로 롯데월드몰에 자리 잡고 있는 '서울서울 3080'이 있다. 우리나라에서 가장 높고 가장 화려한 건물에 1930년대부터 1980년대의 과거 서울의 번화 거리가 구현되어 있는 것도 큰 특징 중 하나이다. 이곳에 가면 아날로그와 디지털의 균형 있는 조화를 경험할 수 있다.

우리나라 최초의 영화관인 우미관을 비롯해 화신백화점 등 1930년대 종로 거리와 1960~1980년대에 이르는 명동 거리를 재현해놓아 노년층은 물론 중장년층들에게 그 시절의 향수를 선사해주고 있다. 5층 입구에는 1968년 11월까지 서울 시내를 운행했던 전차 모형이 놓여 있고 곳곳에 빨간 공중전화박스, 옛날 영화 포스터, 옛날 목욕탕과 골목길 등 옛 소품들이 전시되어 있어 그때 그 감성을 느끼게 한다.

입구의 전차를 시작으로 철길을 따라 내부로 들어가면 마치 과거로 시간 여행을 하는 듯한 경험을 할 수 있다. 가게의 간판과 구석구석 실제 옛 물건들로 전시해놓은 공간은 현대적인 공간에 전혀 어색하지 않게 거리의 요소들을 잘 해석해 적용된 것 같다.

서울서울 3080은 그 시절을 지나온 세대들에게는 추억을 돌아보며 이야기를 나

SEOUL SEOUL 3080

상영푸로
다음푸로
高校 얄개
바람과함께사라지다

눌 수 있는 공간으로, 젊은 세대들에게는 옛 시절을 경험할 수 있는 이색적인 공간으로 구현되어, 양 세대가 시간 여행을 하며 그 시절을 추억하도록 돕는다.

추억과 경험은 쇼핑몰에만 국한되는 것이 아니라 문구점으로도 이어져 추억과 경험을 적극적으로 제공하고 있다. 망원동 거리의 디자인숍과 문구점이 대표적인 공간들이다. 과거의 향수가 묻어 있거나 아날로그 개성이 담겨 있는 문구와 소품으로 매장뿐만 아니라 지역 상권이 늘 방문객들로 북적이고 있다.

제주 이니스프리 하우스도 추억과 경험을 제공하는 공간으로서 좋은 사례이다.

일차원적으로 화장품을 전시해놓은 공간이 아니라 녹차, 화산송이, 참미역, 비자, 동백, 감귤 등 이니스프리의 천연 원료가 어디에서 생산되는지를 다양한 체험 존을 통해 설명함으로써 자신들의 제품의 우수성을 경험을 통해 전달하며 그 재료들을 가지고 자신만의 비누 만들기 체험을 즐길 수 있다. 같이 방문한 이들과 비누를 만들고 사용하며 경험한 시간이 후에 제품을 구매하고 이니스프리를 기억하는 데 어떤 광고보다도 훌륭한 홍보 효과가 되며 그것이 공간만이 발휘할 수 있는 공간의 힘이 된다.

PART 2

희망을 선물하다

교육

경험을 선물하다

프라미스랜드

아이들을 위한 교육공간 디자인의 노하우

현시대는 공간을 통한 경험이 경쟁력이 되는 시대입니다. 더욱이 교육공간이라면 공간을 통한 경험이 더욱 중요한 역할을 할 것입니다. 주입식 학습과 암기식 교육에서 벗어나 능동적인 학습과 자발적인 교육을 지향하는 현시대에 경험은 아이들의 성장을 돕는 교육의 핵심 콘텐츠입니다.

또한 어린이들에게 미리 직업을 체험하게 하는 잡월드 같은 체험공간에서는 물론이고 아이들과 부모가 함께하는 키즈카페에서도 경험을 통한 교육은 가장 중요한 키워드입니다.

저에게 키즈카페의 등장은 신기함으로 다가왔습니다. 제가 성장할 때는 놀이를 위해서 비용을 지불한다는 것은 생각할 수 없는 일이었기 때문입니다. 돌아보면 과거에는 당연하게 생각했던 것들도 이제는 비용을 지불해야 사용할 수 있는 시대가 되었습니다. 또 경험뿐만 아니라 안전을 위해서도 비용을 지불합니다. 아이들에게 무엇보다도 중요한 것은 안전이기 때문입니다.

아이들을 위한 좋은 교육공간을 디자인하는 과정은 3단계로 나눌 수 있습니다. 가장 중요한 1단계는 '찾아오는 공간'이 되어야 한다는 것입니다. 이것은 어린이들이 가고 싶어 하는 공간이 되어야 한다는 뜻입니다. 즉, 아이들의 눈높이에 맞게 창의적으로 디자인되어, 호기심을 가질 수 있는 공간을 말합니다.

여기서 창의적인 디자인이란 반드시 새롭거나 특이한 것만을 뜻하는 것은 아닙니다. 유행하거나 특이한 것들은 처음에는 호기심을 끌 수 있지만 금세 질리거나 지루해져서 아이들이 멀리하는 공간이 되기 쉽습니다. 오래된 콘텐츠라 해도 아이들의 상상력을 자극하고 재미를 느낄 수 있게 디자인하는 것이 교육공간 디자인 1단계의 핵심입니다. 아이들이 찾고 싶은 흥미있는 공간이 되어야 교육공간으로서 힘을 발휘할 수 있습니다.

2단계는 경험을 선물하는 공간이어야 한다는 것입니다. 아이들에게 맞는 체험이 이루어지거나, 특별한 체험이 아니어도 감성적인 경험이 이루어지는 교육공간이 여기에 속합니다. 1단계를 구현하여 일단은 그럴싸하고 재미있는 공간처럼 보인다 해도 그에 맞는 내용이 없다면 마치 잎사귀만 무성하고 열매는 없는 나무와도 같습니다. 또한 하나의 공간이 여러 기능으로 사용되어 멀티유즈의 활용성을 가지는 공간도 2단계에 속합니다. 멀티유즈의 활용은 교육공간뿐 아니라 모든 공간 디자인에 중요한 고려 사항이기도 합니다.

교육공간 디자인 2단계의 방점은 '오래 머무를 수 있는 공간'이 되게 하는 것입니다. 앞에서 지금은 아이들의 안전을 위해서도 비용을 지불하는 시대라고 했는데, 이 부분도 2단계에서 중요한 요소입니다. 오래 머무를 수 있는 공간이라면 반드시 안전해야 하기 때문입니다.

아이들을 위한 공간은 대부분 이 1, 2단계의 요소를 가지고 있습니다. 에버랜드 같은 놀이동산이나 아이들을 위한 스포츠센터 등을 떠올려보면 찾아가고 싶게 하는 요소와 오래 머무르게 하는 기능을 충족시키고 있습니다.

마지막으로 이 두 단계를 뛰어넘는 3단계이자 독창적인 교육공간을 완성하는 것은 바로 공간 자체가 교육이 되는 공간을 만드는 것입니다. 이것은 현대의 교육공간에서 가장 중요한 요소이며 이 부분이 어떻게 구현되어 있는가에 따라 아이들에게 나타나는 교육 효과가 달라집니다. 즉, 3단계는 선생님이나 프로그램 없이도 그 공간을 사용하는 것만으로 교육적 효과가 나타나는 공간을 의미합니다.

이런 요소는 공간을 중요시하는 애플이나 스타벅스 같은 글로벌 기업의 사옥에도 활용되고 있습니다. 따로 설명하거나 가르치지 않아도 그 공간을 사용하는 것만으로도 해당 기업의 철학을 이해할 수 있고, 그 기업이 만드는 제품의 콘셉트를 이해하는 효과를 얻을 수 있기 때문입니다. 세계의 문화를 주도하는 글로벌 기업은 공간에 따라 업무에서 더욱 창의력을 발휘할 수 있고, 소통의 깊이가 달라진다는 것을 이해하고 있는 것이지요. 이런 기업은 공간 곳곳에 포인트를 만들어서 상상력을 극대화하고, 서로 협력하게 만드는 노하우를 구현하고 있습니다.

제가 교육공간을 디자인할 때 중점을 두는 것도 바로 '공간 자체를 통해' 교육이 실현되게 디자인하는 것입니다. 어린아이들은 무엇이든 스펀지처럼 받아들이며, 이 시기에 무엇을 받아들이는가에 따라서 아이들의 개성과 창의성, 세계관까지도 달라지기 때문입니다.

교회에서는 성경의 스토리와 콘텐츠를 공간에 묻어나게 하고 그 공간을 사용하면서 아이들에게 자연스럽게 적용되고 습득할 수 있도록 돕는 디자인도 필요합니다.

기능과 감성의 조화를 이루는 교육공간

프라미스랜드는 키즈카페이면서 3단계의 교육공간을 아이들에게 제공하기 위해 만들어진 공간입니다. 독창적인 교육공간을 실현하기 위해 시편 1장을 스토리로 삼아 디자인하였습니다. 시편 1장의 말씀대로 시냇가에 심긴 나무가 시절을 따라 과

● 프라미스랜드의 수유실 모습

실을 맺듯이 아이들도 예수님 안에서 자랄 때 풍성한 열매를 맺을 수 있다는 메시지를 담고 있습니다.

프라미스랜드로 들어가면 공간 가운데 커다란 나무가 서 있습니다. 이 커다란 나무를 중심에 두고 나무 주위를 따라 오른쪽으로는 안내 데스크와 수유실, 부모와 아이들이 함께 소그룹 모임을 할 수 있는 좌식 소그룹실이 배치되어 있습니다. 그리고 나무 뒤편으로는 카페처럼 차를 마시고 다과를 나눌 수 있는 테이블이 녹색의 소파와 함께 배치되어 있습니다. 높은 단을 설치하여 이곳에서 부모님들이 대화를 나누다가도 아이들이 어디에서 어떻게 놀고 있는지 쉽게 볼 수 있도록 했습니다.

● 왼쪽 벽에는 바울의 선교 여행을 테마로 한 퍼즐 놀이가 비치되어 있다.

이곳은 신발을 벗고 입장하게 되어 있어서, 커다란 나무를 중심으로 모든 곳에서 아이들이 자유롭게 뛰어다니며 놀 수 있습니다. 나무 앞에는 조그마한 마당 같은 공간이 있는데, 미니 자동차와 탈 수 있는 놀이기구들이 있어서 프라미스랜드에 들어오는 아이들이 기대감과 흥미를 느낄 수 있도록 돕습니다.

나무의 왼쪽에는 원목으로 제작한 놀이기구들이 배치되어 있습니다. 미끄럼틀을 중심으로 위쪽에서 놀 수 있는 여러 가지 기구들이 있고, 미끄럼틀 안에는 시장놀이와 주방놀이를 할 수 있는 장난감들이 놓여 있습니다. 미끄럼판까지 모두 원목으로 제작되어, 놀이공간으로서도 부모님들에게 신뢰를 주고 있습니다.

● 나무를 중심으로 구성된 공간. 입구에서 들어오면 작은 마당이 있고, 왼쪽으로 놀이공간과 부모들을 위한 카페 공간이 보인다.
●● 원목으로 제작한 미끄럼틀과 위에서 공을 놓으면 레일을 따라 돌게 되어 있는 놀이기구의 모습

나무의 오른쪽이 소그룹실과 안내 데스크, 수유실 등 그룹 활동과 서비스를 위한 공간이라면 왼쪽은 아이들이 활동할 수 있는 주된 영역입니다. 오른쪽은 앉아서 부모와 함께 학습할 수 있는 공간, 뒤로는 차와 다과를 즐기며 교제할 수 있는 공간, 앞쪽과 왼쪽은 아이들이 육체적인 놀이와 지적인 놀이를 할 수 있는 공간으로 구획되어 있는 것입니다.

이렇게 짜임새 있는 공간 구획도 프라미스랜드의 장점이지만 사실 이곳은 교육공간으로서 기능적인 완성보다는 감성적인 완성에 더 집중하고 있습니다. 프라미스랜드의 어느 공간에 있더라도 영역의 한 부분은 나무가 차지하고 있습니다. 한 영역에서 다른 영역으로 이동하려 해도 나무를 지나야 하고, 나무를 바라보게 되어 있어서 나무와 함께하는 감성을 주고 있습니다. 마치 하나의 아이콘처럼 이 나무가 조형적인 기능을 담당하고 있는 것입니다. 또 나무를 둘러싼 울타리에는 시편 1편이 적혀 있어서, 처음에는 그저 공간을 사용하다가도 어느 정도 시간이 지나면 비로소 시편의 말씀과 나무의 연관성을 이해하게 됩니다. 이것은 보는 이들에게 즉시 답을 주는 1차원적인 디자인이 아니라, 바라보는 사람의 눈높이, 때로는 기분이나 계절에 따라 하나의 사물을 다르게 느끼고 새롭게 볼 수 있게 하는 현대 디자인의 원리를 적용한 것입니다.

시냇가에 심은 나무가 시간이 지나면 변화되는 것을 형상화하기 위해서 나무 주위는 진열공간으로 만들어, 이곳을 통해 계절에 맞는 공간을 연출할 수 있도록 했습니다. 예를 들어 가을에는 열매 과일들을 장식하고, 겨울에는 크리스마스트리를 만들고, 봄에는 꽃나무, 여름에는 조개 등을 진열하여 계절에 따른 변화를 상징적으로 구현하였습니다. 나무가 공간의 중심에 위치하면서 감성을 만들고 있기에, 나무의 변화만이 아니라 결과적으로는 공간 전체가 계절에 따라 변화되는 효과를 가져옵니다. 또 이는 공간의 유지와 관리의 편리성을 도모한 것이기도 합니다.

기독교 콘텐츠로 디자인된 공간의 필요성

프라미스랜드는 평일에는 예약제 키즈카페로 활용되지만 주일에는 주일학교의 놀이터와 분반 공부실로 활용됩니다. 공간의 멀티유즈를 염두에 두고 교회의 특성을 살린 노력이기도 합니다. 5~6세 아이들이 나무 주위에 둘러앉아 성경 말씀을 배우는 모습을 보고 있으면, 이 아이들이 성장해서 나무 밑에서 배웠던 성경을 떠올리며 창조주 하나님을 기억할 것을 소망하게 됩니다.

결과적으로 이곳은 지역 어린이집은 물론 유치원 등의 예약이 이어져, 최소 일주일 이상 기다려야 할 만큼 인기가 많은 키즈카페가 되었습니다. 키즈카페는 아이들의 복지 차원에서 규모가 큰 교회에서나 할 수 있는 것이라고 생각되겠지만 꼭 그런 것은 아닙니다. 프라미스랜드는 우리 사회가 아이들을 위해서 마땅히 줄 수 있는 콘텐츠가 많

● 프라미스랜드 옥상에 위치한 드림 정원

지 않고, 부모님들뿐만 아니라 아이들의 프로그램을 운영하는 기관에서도 기독교 콘텐츠로 디자인된 공간이 필요하다는 것을 깨닫게 했습니다. 어린이집이나 유치원에서 프라미스랜드를 활용하여 다양한 활동을 하고 있기 때문입니다.

프라미스랜드가 유아들을 위한 교육공간이라면 프라미스랜드 바로 위의 옥상에는 중고생과 청년들을 위한 공원 겸 교육공간이 있습니다. 이곳은 죽어 있는 공간을 공원으로 꾸며 활용하고, 교육공간의 역할까지 수행할 수 있도록 디자인한 사례입니다.

공원으로 향하는 출입문을 열면 녹색 잔디 위에 빨간색으로 D.R.E.A.M이라는 글자가 배치되어 있는 것이 눈에 들어옵니다. 이 글자는 눈으로 보기만 하는 텍스트가 아니라 글자 모양의 벤치입니다. 이 글자 때문에 이곳은 드림 정원이라고 불립니다. 이곳에는 아이들이 조용히 기도하며 묵상할 수 있는 공간도 고안되어 있습니다. 그곳에 앉으면 공간을 감싸고 있는 벽 사이로 십자가가 뚫려 있어서 공원 전체와 D.R.E.A.M이라는 글자가 눈에 들어옵니다. 한편 야외공간의 단점을 보완하기 위해서 소그룹 공간마다 이동식 어닝이 설치되어 있는 것도 한 가지 자랑입니다.

프라미스랜드를 방문한다면 잠깐 시간을 내어 아이들과 드림 공원을 거닐며 하나님을 향한 꿈을 그려보는 것을 추천합니다. 프라미스랜드가 줄 수 있는 보너스입니다.

사랑방

새싹의 생명이 자라나는 곳

순카페

교회 카페의 역할과 필요성을 생각하다

2000년대에 들어 국내에 스타벅스를 비롯하여 여러 브랜드의 카페가 생겨나면서 점차 카페 문화가 대중화되었습니다. 이런 흐름을 이해한 몇몇 교회들은 교회 내부에 카페를 만들었고, 이런 교회 카페를 통해 지역 주민과 소통하며 폭발적으로 성장한 교회들도 생겨났습니다.

CCM 음악과 찬양 집회가 커다란 운동력으로 기능하던 1990년대에는 교회 안에 드럼이 들어오면 안 된다, 일렉트릭 기타는 록 음악의 전형이므로 교회에 들어오면 안 된다 등의 이야기를 하며 거부하는 의견들이 많았습니다. '밴드 음악이 합당한가라'는 내용으로 공청회가 열렸던 기억이 있을 만큼 당시에는 부정적인 의견이 많았습니다. 그러나 경배와 찬양은 교회의 성장과 복음 전파에 커다란 도구가 되었고, 결과적으로 음악을 통해 교회는 젊은 세대를 끌어안을 수 있었습니다.

그와 비슷하게 교회에 카페가 생겨날 때도 '교회 안에서 장사를 하는 것이 옳은가?'와 같은 질문을 던지는 부정적인 의견도 많았습니다. 그러나 동일한 복음이라도 시대에 맞추어 그것을 전달하는 방법은 변화해야 한다는 인식을 가진 교회가 늘어나면서, 교회 카페도 크게 늘었습니다.

이제는 교회 카페가 현 시대에 꼭 필요한 도구라고 생각되고 있고 그에 따라 우후죽순처럼 많은 카페가 생겨났지만, 교회만의 특수성을 살리지 못하거나 운영 전략이 부족하여 실패를 겪는 경우도 매우 많습니다. 일단 카페를 만들어놓으면 최소한 우리 교회 성도들은 오겠지, 라는 안일한 생각이나 '우리가 만들면 다 잘될 거야'라는 막연한 기대감으로는 교회 카페가 성공할 수 없었습니다.

실제로 2012년 장로교단의 설문 내용을 보면 흑자를 내거나 1년 이상 꾸준히 운영하는 교회 카페의 수는 전체 교회 카페 중 40% 정도밖에 되지 않습니다.

교회 카페만의 특별함이 필요하다

저는 국민일보에서 주최한 '우리 교회 카페 만들기 전국 투어 세미나'의 강사로 초청되어, 어떻게 하면 교회 카페가 복음 전달의 도구로 사용될 수 있는지에 대해 강의한 적이 있습니다. 또 이후 야마하 코리아에서 주최한 8개 도시 세미나에서도 교회에서 어떻게 카페와 공간을 활용해야 하는지에 대해 강의하는 기회가 있었습니다.

한국 교회는 위치적으로 종교 부지에 세워진 경우가 많고, 서비스 공간 운영에 대한 노하우가 부족한 경우도 많습니다. 그래서 강의에서는 카페 설립과 운영에 대한 기술적인 설명도 했지만, 공간의 힘과 예배의 도구로서의 교회 카페 운영에 대한 이야기를 더 집중적으로 했습니다. 물론 카페가 흑자를 내야만 성공한 것이라거나 교회의 성장에 도움이 되어야만 카페의 존재 의미가 있다는 것은 아니라는 것을 먼저 말씀드립니다.

제가 그 세미나의 강사로 초청된 계기는 제가 디자인했던 카페들이 바로 첫 달부터 흑자를 내기 때문이었습니다. 사실 공간 디자이너인 저도 사람들이 찾아와 비용을 지불하게 되는 공간을 디자인할 때는 또 다른 부담감이 있습니다. 그 공간에서 매출이 일어나야 한다는 1차원적인 부담도 있지만, 공간을 찾는 다양한 이들이 만족하는 공간이 되어야 하므로, 집을 디자인할 때처럼 클라이언트의 의도를 담는 것만으로는 한계가 있기 때문입니다. 타깃이 되는 대상층을 상상하며 공간을 디자인하기 때문에 더 다양한 상상력과 동선, 인간에 대한 이해가 필요합니다. 어떤 사람이 이 공간을 찾아오는지, 그들이 들어와서 어떻게 공간을 사용하게 될 것인지를 상상해야 하기 때문입니다.

저는 《장사의 신》이라는 책의 저자인 일본의 우노 다카시가 인터뷰에서 맛은 30%이고 나머지가 70%라고 말한 것에 개인적으로 충분히 공감합니다. 커피와 같은 기호식품은 더더욱 그렇습니다. 굳이 더 이야기할 필요가 없을 만큼, 상업공간에서 공간 디자인의 중요성은 모두가 공감하고 있습니다.

카페는 특별한 무언가가 없다면 사람들이 좋아하는 공간이 되기 어렵습니다. 브랜드 카페도 그럴진대, 교회 카페는 더더욱 그렇습니다. 교회 카페만의 특별함이 없다면 사람들이 굳이 이용할 이유가 없겠지요.

사람들과 호흡하는 사랑방 같은 카페

CCC에서 운영하고 있는 순카페는 북악산 등산로에 위치하고 있습니다. 처음 기획 단계부터 그런 지리적 위치를 살려, 도드라지고 화려한 마감재보다는 올리브그린 톤과 초콜릿 톤을 배합하여 자연과 융화되는 따뜻한 공간을 상상했습니다.

완성된 순카페의 특징 중 하나는 각 영역마다 마감 컬러 톤을 조금씩 다르게 조합하여 전체적으로는 올리브그린과 초콜릿 톤이 느껴지지만, 어디에서 보든 보는 각도에 따라 내부의 색감이 다르게 보이도록 한 것입니다. 같은 카페에서도 앉는 위치에 따라 다양성을 경험할 수 있는 것입니다. 마치 계절에 따라 자연의 색이 바뀌듯, 생명력을 지닌 새순이 자라나며 변화되는 듯한 감성을 담았습니다.

또 시작 단계에서 사람들이 찾아오기에 불리한 지리적인 제한을 뛰어넘기 위해 가장 기본적인 질문, 즉 '카페를 통해 무엇을 나누고자 하는가'라는 질문을 했습니다. 그리고 그 답을 찾아 그것을 토대로 디자인 콘셉트를 설정하고자 관련자들과 충분히 논의하는 과정을 거쳤습니다. 좋아하는 카페 이야기, 책 이야기, 옷 이야기, 여행했던 나라 이야기부터 시작해서 목사님의 목회 철학, 3년 후의 카페 모습에 이르기까지 소소하고 일상적인 이야기를 나누며 카페의 정체성을 찾아갔던 것입니다.

그 결과, 먼저 이곳은 주일예배를 드리는 1,000여 명의 교인들과 부암동을 찾아오는 등산객들과의 접촉점이 되어야 한다는 것에 의견이 일치했습니다. 즉, 20대부터 60대까지를 아우르는 카페가 되어야 했습니다. 자연과 바람이 아름다운 북악산 기슭에 자리 잡은 지리적 특징을 살려, 교회 성도만의 카페가 아니라 자연과 호흡하듯이 세상 사람들과 호흡하고, 그들을 배려하는 카페가 되기를 원했기 때문입니다.

순카페의 목표는 사랑방입니다. 예로부터 귀한 손님들을 대접하던 우리의 사랑방이 모티브가 되었습니다. 사랑방이 가지고 있는 요소들을 표현하는 단어들을 찾고 만남, 쉼, 다과, 대화, 안락, 대접 등의 단어를 정리하여 다섯 개로 압축했습니다. 그리고 공간을 다섯 개의 영역으로 나누었습니다.

순카페를 방문해보면 각각의 영역마다 테이블과 의자 스타일이 모두 다릅니다. 재미있는 것은 가구 스타일에 따라 바닥 재질도 다 다르다는 것입니다. 이것은 단순하고 따뜻한 공간의 감성을 유지하면서 사랑방의 특성을 살리기 위해 고안된 것입니다. 결과적으로 다섯 가지 다양함이 있기에 여러 계층의 다양한 방문자들이 만족할 수 있게 되었습니다. 또 낮에 찾는 방문자들과 저녁에 찾아오는 방문자들의 연령층이 상반되지만 그들 모두의 요구를 수용할 수 있는 효과도 가져왔습니다.

공간을 구획한 뒤에는 다음으로 카페 동선을 구성하였습니다. 얼마나 동선을 쉽고 재미있게 구성하는지는 공간 디자인의 한 포인트입니다. 동선을 쉽게만 구성하면 이용자나 운영자의 동선이 얽히거나 복잡하지는 않겠지만 너무 단조롭고 밋밋한 공간이 되고, 그렇다고 재미를 생각해서 복잡하게 구성하면 혼란스럽고 정리가 안 된 느낌을 주게 됩니다. 또 교회 카페의 특성상 주일에 많은 사람들이 한꺼번에 이용할 때 안전사고의 위험성이나 사람들의 편리성도 생각해야 하므로 동선 구성은 공간 디자이너의 역량이 발휘되어야 하는 중요한 영역입니다. 순 카페의 경우 다섯 개로 구획된 영역을 이용자들이 얼마나 쉽게 찾아갈 수 있을지가 가장 큰 고려 사항이었습니다.

또 공간의 입체성을 위해서 복층으로 다락방을 만들었습니다. 이곳은 사랑방처럼 신발을 벗고 편안히 앉아서 책도 읽고 이야기도 나눌 수 있도록 한 좌식 공간입니다. 예약을 하지 않으면 사용할 수 없을 정도로 인기가 많은 영역이기도 합니다.

한편 세상과의 소통이라는 콘셉트에 맞추어, 소통의 첫 번째는 타인의 이야기를 먼저 들어주는 것이라고 생각하여 귀의 달팽이관을 차용한 책장을 디자인 제작하였습니다. 많은 방문자들이 이 달팽이관 벽장이 감성을 잘 표현해주는 독특한 책장이라고 이야기합니다. 이후 똑같은 장을 만들어달라는 상담이 여러 번 이어졌을 만큼 카페의 기능과 스타일을 잘 고려해서 제작된 가구입니다. 잘 만들어진 가구는 별도의 인테리어나 소품 없이도 그 공간의 정체성과 스타일을 이끌어가는 힘이 있음을 다시 한 번 경험한 경우입니다.

마감재가 좋다거나 비싼 의자와 탁자를 놓았다고, 소파가 크다고 사람들이 찾아오지는 않습니다. 순카페의 독창성과 경쟁력은 공간의 디자인을 통해 수준 높은 커피 문화와 편안함을 제공한 것에서 비롯되었습니다. 또 순카페의 정체성을 담아내는 로고를 만들고, 이를 활용한 상품들을 제작, 배치하여 순카페만의 독창성과 감성을 부여했습니다. 순카페의 로고는 SOON이라는 텍스트와 포도나무 줄기와 잎을 형상화한 디자인입니다. 포도 열매와 가지의 비유가 담긴 로고는 교인들과 이곳을 찾는 크리스천들에게 생명의 의미를 되새기는 매개체가 되고, 비신도들에게는 자연스러운 아름다움을 느끼게 할 수 있도록 고려하였습니다.

지역사회와의 접촉점이 된 순카페

교회 카페는 지역사회와의 접촉점이라는 기능을 가지고 있습니다. 그 기능이 효과적으로 이루어지려면 쉬운 메시지로 접근하면서도 사람들에게 시각적으로 설득력을 주어야 합니다. 즉, 좋은 디자인이 바탕이 되어야 합니다. 이때 좋은 디자인이란 보기만에 좋은 것이 아니라 명확한 기능성을 가지고 있는 디자인을 말합니다. 카페라면 앉기 편해야 하고, 오래 이야기를 나누기에 좋은 조명과 소품, 가구 등이 모두 기능을 발휘해야 합니다.

왜 교회 카페를 가지 않는가에 대한 설문에서 놀라운 내용을 보았습니다. 교회 카페는 싼 티가 나고 공간이 뒤떨어져서 그렇다는 솔직한 답변이었습니다. 그저 교인이기 때문에 교회 카페를 찾아오라고 할 수는 없다는 것을 이 대답이 보여줍니다.

순카페만의 독창성은 해당 교회만의 철학과 스토리를 발굴하고 그것을 공간에 구현했기 때문에 얻어진 것입니다. 즉, 교회만의 고유한 내용이 없으면 아무리 넓은 공간에 맛있는 커피를 제공한다 해도 사람들이 공감하며 찾아오기 어렵습니다.

지금까지 제가 디자인한 상업공간은 예외 없이 모두 오픈 첫 달부터 순이익이 발생했습니다. 순카페도 마찬가지였습니다. 편의점만큼 많은 카페가 생기고 사라지는 요즘, 이런 결과를 가져올 수 있었던 이유는 무엇일까요? 유명 브랜드 카페도 어려움을 겪는 이 시기에 교회 카페가 어떻게 이렇게 성공적으로 안착할 수 있었을까요? 여담이지만, 바로 앞 건물의 브랜드 카페 점주가 순카페를 찾아와 여기는 왜 이렇게 손님이 끊이지 않는지 질문한 적도 있다고 합니다. 그 답은 어쩌면 단순합니다. 이곳을 방문한 이들에게 다른 곳에서는 줄 수 없는 강력하고 확실한 스토리를 제공하는 것입니다.

● 달팽이관 모양의 벽장과 복층으로 올라가는 계단 모습

● 북악산 등산로에 위치한 카페

● 부암동을 찾아오는 등산객들과의 접촉점이 되는 순카페

●● 보는 각도에 따라 내부의 색감이 다르게 보이도록 하여 카페의 다양성을 경험하도록 한 내부

기쁨

아이들에게 동화를 선물하다

한소망교회

창의성은 공간을 통해서도 길러진다

경험만큼 확실한 교육이나 배움이 있을까요? 이 시대의 공간들은 어떻게 하면 경험할 수 있는 기회를 제공할 수 있는지에 집중하고 있습니다. 그렇다면 왜 이렇게 경험에 집중하게 되었을까요? 지금은 다양한 정보나 지식을 핸드폰 하나만으로도 언제든지 공유할 수 있는 시대입니다. 그러므로 단순한 지식이나 정보는 절대우위를 가질 수 없지만, 경험은 자신의 몸으로 습득하고 체험한 고유의 것이며 이를 응용하여 다른 일에 접목할 수 있는 중요한 콘텐츠가 되기 때문입니다.

현대사회에서 가장 중요한 교육의 덕목 중 하나는 창의성입니다. 과거에는 창의성이란 천재와 같이 보통 사람과는 다른 일부 특별한 사람에게나 존재하는 정신적 능력이라고 보는 경향이 있었습니다. 그러나 이제는 누구나 노력하고 교육을 받으면 창의력을 발휘할 수 있다고 이해하고 있습니다. 창의성이란 타고나는 것이 아니라 교육을 통해 개발될 수 있으며, 다양한 경험과 체험을 통해 얻을 수 있음을 인지하게 된 것입니다.

창의성은 공간을 통해서도 길러질 수 있습니다. 공간을 유연하게 사용하고 공간을 통해 자극을 받을 수 있다면 그 공간은 창의성을 길러주는 교육공간이 될 수 있습니다. 그러므로 경험을 제공하는 교육공간이 중요합니다. 최근에는 공공 교육기관뿐만 아니라 교회도 그에 대한 노력을 기울이고 있습니다.

교회 디자인의 핵심 콘텐츠가 된 교육공간 디자인

저는 사회에 영향력을 주는 교회에 대해 연구하고 싶어서 복음의 선진국이라고 할 수 있는 유럽과 미국의 교회들을 자주 방문하여 어떻게 공간을 활용하는지, 예배에 도움이 되는 디자인은 어떤 것인지 등을 공부해왔습니다. 놀라운 것은 유럽과 미국의 교회들도 창의적인 교육공간을 제공하기 위해 노력하고 있다는 사실입니다.

우리의 교회는 그동안 주로 어른 위주의 사역과 규모 위주의 사역에 치중해왔습니다. 그런데 이제는 변화가 일고 있습니다. 지금은 양적으로나 질적으로 성장을 이루고 있는 많은 교회가 아이들을 위해 교육공간에 투자하고 있습니다. 창의적인 교육공간을 마련하는 것이 다음 세대를 교회로 이끌며, 이처럼 다음 세대에 집중할 때 비로소 교회가 성장한다는 것을 경험하고 있기 때문입니다.

1980~1990년대에는 부모의 손에 이끌려 교회에 왔지만 이제는 아이들이 스스로 교회에 가고 싶다고 해서 아이들과 함께 온 부모가 하나님을 만나고 교회에 정착하게 되는 일도 늘고 있습니다. 바쁜 일상에 쫓기고 다양한 가치관을 지닌 현대인들은 굳이 자발적으로 교회에 오지 않는 경우가 많지만, 자녀들이 재미있어 하고 교회에 가고 싶어 하면 부모들도 아이를 위해 시간을 내기 때문입니다.

이런 추세에 따라 이제는 교육공간 디자인이 교회 디자인의 핵심 콘텐츠가 되었고, 성장하고 있는 교회들을 방문하여 교육공간의 노하우를 참조하는 교회들도 늘어나고 있습니다.

유아부를 위한 활기 있는 복도 리모델링

한소망교회의 유아부 교육공간은 이렇게 유럽과 미국의 교회들을 공부하면서 쌓인 저의 노하우와 철학을 담아 디자인한 사례입니다. 파주에 자리 잡고 있는 한소망교회는 이미 대형교회이지만 아이들을 위한 공간에 대한 관심을 가지고 중장기적인 계획을 통해 투자하고 있습니다.

디자인 협의를 위해 교회에 처음 방문했을 때 독특한 요청을 받았습니다. 교육담당 목사님의 첫 말씀이 "아이들이 기뻐서 눈물 나게 해주세요"였기 때문입니다. 옆에 계시던 전도사님도 "창의적인 디자인을 잘하신다는 말씀을 듣고 연락드렸는데, 제발 아이들이 예배당으로 들어가면서 기뻐할 수 있는 공간을 만들어주세요"라고 말씀하시는 것이었습니다. 간절함을 느낄 수 있는 두 분의 모습에, 저는 너스레를 떨며 "창의적인 공간, 하면 저 아닙니까! 걱정마세요"라고 답했습니다. 그런데 두 분과 함께 유아부가 예배를 드린다는 3층으로 간 저는 그 공간을 보고 너무 당황하여 곧바로 너스레를 떨었던 것을 후회했습니다. 당시에는 마치 죽은 도시처럼 숨도 쉬기 어려운 휑한 공간이라고 느껴졌기 때문입니다. 이 공간을 어떻게 창의적인 공간으로 탈바꿈시킬 수 있을까 생각하니 한숨이 절로 나왔습니다. 이후 두 분과 어떤 이야기를 나누었는지 기억조차 나지 않고 지끈지끈한 머리를 안고 헤어졌습니다. 기대감 어린 두 분의 눈빛이 제 마음을 더 무겁게 했습니다.

그다음 주에 다시 교회를 찾아 유아 예배를 드리는 모습을 관찰했습니다. 저는 디자인을 시작할 때 늘 그 공간을 찾아가 먼저 묵상하는 것으로 시작합니다. 예배시간이 다가오고, 아이들을 관찰하면서 보니 처음 목사님이 하신 말씀이 이해되었습니다. 부모의 손에 이끌려 유아 예배실 앞으로 온 아이들은 엄마와 헤어지기 싫어서 엉엉 울기 시작했

● 처음 방문했을 때의 3층 공간 모습

습니다. 선생님의 손에 이끌려서 예배실로 들어가는 모습이 끌려들어가는 것 같기도 했고, 엄마와 헤어지면서 교회에 가기 싫다고 떼를 쓰는 아이도 있었습니다. 이미 많은 경험이 있는 선생님들은 그럼에도 환하게 웃으며, 울거나 떼를 쓰는 아이들을 모두 반기기 위해 최선을 다하셨습니다.

그동안 많은 교회를 경험했던 저는 유아부 예배당을 디자인하는 것이 문제가 아니라고 판단했습니다. 대신 예배당으로 향하는 복도를 디자인하는 것이 비용적으로나 실질적으로 더 효과적이라는 판단이 들었습니다. 당시 3층에는 4~6세 아이들이 세 공간으로 나누어 예배를 드리고 있었습니다. 그 공간을 아이들이 좋아할 만한 화사한 공간으로 디자인해달라는 것이 의뢰 내용이었지만, 저는 예배당으로 들어가는 복도만 디자인해도 충분한 효과를 거둘 수 있다고 판단한 것입니다. 복도를 새로 디자인하는 것이 예배당을 리모델링하는 것보다 비용도 저렴했습니다.

유럽과 미국의 교회를 방문하면서 제가 느꼈던 것 중 하나는 우리나라의 교회에서 가장 개선이 필요한 부분은 예배당이나 로비, 식당보다는 복도라는 것이었습니다. 우리 교회에서는 복도가 오직 이동 통로로만 이용됩니다. 그래서 그저 이동하는 것 말고는 기능이 없는 죽은 공간처럼 여겨지지만, 외국의 교회에서는 복도가 마치 신체의 혈관과 같다는 개념을 가지고 활기 있게 사용되고 있습니다. 우리 교회의 복도들은 주중에는 쓸모없는 공간으로 방치되다가 주일 하루만 사람들이 이동하는 공간으로 사용됩니다. 그러나 외국 교회에서는 복도가 환영의 공간이자 소개의 공간으로, 또 만남의 공간으로 주중에도 어느 공간보다 많이 활용되고 있었습니다. 마치 혈관을 통해 산소와 자양분이 이동하면서 에너지를 만들어내듯, 복도가 시각적인 메시지를 전달하고 공간의 철학을 소개하는 도구로 사용되고 있었던 것입니다.

어둡고 삭막했던 복도가 커다란 동화책으로 바뀌다

예배를 참관하고 묵상한 뒤 예배당이 아니라 복도를 디자인해야겠다고 제안하자, 과연 효과가 있을까 부정적으로 생각하는 의견도 있었고, 반대로 창의적인 발상이라는 긍정적인 의견도 있었습니다. 그러나 감사하게도 결국 교회는 제 의견을 신뢰해주셨습니다. 복도를 디자인하기로 확정하고 나서는 유아부 교역자님들과 함께 유아부의 사역 방향과 비전에 대해 토의하고, 교회의 철학과 역사에 대해서도 공부하면서 스토리를 만들어갔습니다. 또 공간의 활용성과 동선, 기능에 대해서도 꼼꼼히 체크하려고 노력을 기울였습니다.

교회에서는 성경을 배우는 공간뿐만 아니라 아이들이 지나다니고 머물고 뛰어노는 모든 공간까지 하나의 교육공간이 되어야 합니다. 저는 한소망교회의 복도를 엄마가 자녀에게 읽어주는 동화를 콘셉트로 잡고 '환영해! 행복해! 사랑해!'라는 주제를 가지고 디자인하였습니다.

복도의 입구는 책이 펼쳐진 모양으로 형상화되어 있습니다. 이곳에는 하나님이 우리를 창조하셨고 우리를 왜 사랑하고 환영하고 기뻐하시는지에 대한 이야기가 쓰여 있습니다. 이 내용은 한소망교회 유아부의 메인 스토리였고, 이 스토리로 복도가 디자인된 것입니다. 아이들에게 들려주고 싶은 따뜻한 이야기가 있는 공간으로 디자인하여 어느 교회에도 없는 한소망교회만의 공간이 되었습니다. 어둡고 삭막했던 복도가 커다란 동화책으로 만들어져 아이들의 상상력을 자극하고, 재미있는 이야기가 있는 공간으로 변화되었습니다. 그래서 아이들의 호기심도 높아지고 공간에 재미를 느끼게 하는 매개체가 됩니다.

책을 통과하면 가장 먼저 눈에 들어오는 것이 벽부터 시작해서 천장까지 펼쳐진 별 모양의 조명입니다. 하나님이 우리를 별처럼 빛나게 하시리라는 말씀을 기초로 하고 있으며, 공간의 단점을 장점으로 변화시키는 전략으로 탄생한 별이기도 합니다. 예전에는 높은 천장고와 복도의 낮은 조도 때문에 매우 삭막한 공간이었고, 차갑고 침침한 공간으로 느껴지는 단점을 가지고 있었습니다. 저는 단점을 극복하여 장점으로 만들 수 있는 방향을 찾다가, 이곳이 어둡기 때문에 조명을 사용하면 오히려 다른 공간들보다 더 효과적일 거라는 발상을 했습니다.

교육공간에서의 창의성은 하나님을 발견해가는 힘이라고 할 수 있습니다. 다양한 상상과 질문, 과감한 도전을 통하여 한 분이시지만 다양한 속성을 가지고 계신 자신만의 하나님을 경험하게 하는 것입니다. 아이들이 공간을 통해서 능동적으로 하나님을 만나기 위해서는 창의성을 자극하는 물리적 환경이 중요합니다. 열린 시각으로 바라볼 수 있도록 새로운 자극을 주고 사고의 폭을 넓혀 다양한 상상과 질문을 할 수 있도록 유도해야 하기 때문입니다.

그래서 왕관, 선물, 집 오브제를 공간에 도입하였습니다. 작은 오브제를 아이들의 키보다 크게 확대하여 만듦으로써 상상력을 자극하고 사고의 전환을 유도할 수 있게 했습니다. 이 오브제 덕분에 이곳은 아이들이 더욱 들어가고 싶고 머물고 싶은 공간이 되었습니다. 또 벽부터 천장까지 반짝이는 별은 이곳을 환상적인 동화 속 공간처럼 느껴지도록 돕고 있습니다.

아이들이 좋아하는 공간은 후미지고 구석진 '자기만의 공간' 입니다. 공간 곳곳에 비밀스러운 부분이 많을수록 아이는 나름의 재미를 느끼고 상상력도 기를 수 있습니다. 그래서 복도 공간이지만 벽에는

● 횡단보도를 건너는 놀이 기능을 통해 아이들이 예배실로 향할 때 즐겁게 입장할 수 있게 했다. 또 예배를 마친 아이들을 부모님이 지켜보며 기다릴 수 있도록 건너편에 벤치를 설치하였다.

●● 유아반 예배실마다 다른 제목으로 디자인된 입구

아이들을 위한 아지트를 만들었습니다. 함께 공유하는 공간이면서도 자신만의 공간 같은 비밀스러운 재미를 느끼게 되고, 이 동그란 구멍에서 아이들은 혼자만의 시간을 보내며 다양한 상상을 하거나 책을 읽을 수 있습니다.

이처럼 어떻게 하면 아이들이 부모와 떨어져서 예배드리는 시간을 행복하게 만들 수 있을까 궁리하고 노력한 것이 열매를 맺어, 즐거워하는 아이들과 함께 부모님들도 교회를 찾아오게 되었고, 이에 따라 성도가 늘어나기 시작했습니다.

교회 전체가 창의적인 교육공간이 되다

한소망교회의 가장 큰 특징은 전체 교회 공간이 '한 비전의 숲'이라는 하나의 콘셉트로 교육공간화되어 있다는 것입니다. 그 한 비전의 숲 안에 연령별, 기능별 교육을 담당하는 나무들이 모여서 완성되는 교회를 꿈꾸고 있습니다.

결과적으로 복도 디자인이 완성된 후 이 공간이 다른 교회들에 소개되고, 뒤이어 많은 교회들이 앞다투어 복도를 디자인하는 것을 볼 수 있었습니다. 교회에 좋은 경험을 선물한 것 같아서 개인적으로도 애착이 가는 공간입니다. 이 작업 후 저는 현재까지 한소망교회의 전속 공간 디자이너가 되어 교회의 공간들을 지속적으로 변화시키고 발전시켜나가고 있습니다.

한소망교회는 교육공간 디자인을 통하여 한국 교회에 새로운 패러다임을 제시하고 귀감이 되었습니다. 또 교회 전체를 교육공간으로 실현하려는 노력도 하고 있습니다. 교회가 숲을 테마로 각 연령별, 기능별 교육공간을 나무로 지칭하고, 각각의 공간마다 나무를 개념화한 창의적인 교육공간을 구현하여, 그 교육공간들이 모여서 한 비전의 숲을 완성하는 개념을 도입한 것입니다. 이것은 교회 전체가 교육공간이라는 생각으로, 교회를 창의적인 공간으로 완성하고자 하는 의지 때문입니다. CBS 이사장을 역임하실 정도로 대외적으로 활발하게 활동하시는 담임목사님께서 자신의 숙소를 저에게 내어주시면서 작업에 집중할 수 있도록 격려해주셔서 그런 응원 속에서 더 즐겁게 작업했던 기억입니다.

그 후 한소망교회에서의 두 번째 작업이었던 청소년 교육공간도 복도를 활용해서 디자인하였습니다. 아이들이 세계를 품은 리더로 자라기를 기원하는 마음으로 청소년들의 문화인 길거리 문화를 도입해서 공간을 완성했습니다. 이동 통로로만 여겨졌던 복도를 이용한 공간 활용은 공간에 대해 고민하는 많은 이들에게 하나의 힌트가 되었습니다. 배움은 지식이나 이론으로만 이루어지는 것이 아닙니다. 상대방의 문화를 눈높이에서 제공하자, 청소년들도 하나님을 경험하고 인격적으로 복음을 받아들이는 결과를 가져왔습니다.

경청

아이들의 눈높이에 맞추다

숲속도서관

지역마다 활성화되는 다양한 문화공간, 작은 도서관

선진국의 사례들을 보면 소득수준이 3만 달러로 올라가면서 라이프스타일에 대한 관심이 더욱 두드러지게 됩니다. 이것은 개인이 삶의 가치에 대해 더욱 고민하게 되고, 삶을 의미 있고 가치 있게 살아갈 수 있는 방법에 대한 관심이 사회 전반에 공유된다는 뜻이기도 합니다. 그리고 그런 추세 속에서 자연스럽게 집과 함께 다양한 문화공간이 대두되며 주목받게 됩니다.

지역마다 생겨나는 작은 도서관도 이런 현상의 한 부분입니다. 요즘처럼 도서관이 생활의 한 부분으로 주목받는 시대도 없었던 것 같습니다. 작은 도서관은 많은 주민들이 활용하는 지역사회의 한 공간으로 자리 잡고 있습니다. 또한 요즘에는 도서관을 찾을 때도 단지 그 도서관의 장서 수만 보는 것이 아니라, 어떤 특징과 콘셉트를 가지고 있는가를 고려해 찾아갑니다.

작은 도서관 운영 실태조사에 따르면 전국적으로 작은 도서관은 6,000여 곳으로 집계됩니다. 공립 작은 도서관이 1,400여 곳으로 23%를 차지하고 있으며 사립 작은 도서관은 4,600여 관으로 76% 정도로 확인되고 있습니다. 사립 작은 도서관의 운영 주체는 개인 및 단체, 법인, 새마을문고와 아파트, 종교시설 등입니다. 또한 작은 도서관의 이용자 수도 누적 3,700만 명으로, 1관당 평균 6,120명으로 지속적으로 증가하고 있습니다.

이처럼 수적으로는 증가하고 있지만 그 운영이 잘 이루어지고 있는지는 다른 문제입니다. 폐관하는 작은 도서관의 수도 2017년도에는 562개 관으로 10배 이상 증가하여, 쉽게 시작할 수 있지만 정착하는 것이 어려운 시설이라는 것을 알 수 있습니다.

한편 2017년도에 새로 개관한 작은 도서관을 보면 사립 도서관이 전체의 90%를 차지하고 있으며, 그중에는 종교시설이 운영하는 도서관이 29.7%로, 27.7%의 비율을 보이는 아파트 작은 도서관보다 조금 더 높습니다. 그러므로 종교시설이 작은 도서관의 확장을 주도하고 있다 해도 과언이 아닙니다. 이러한 현상은 도서관이 교회의 철학을 담아 지역사회와 소통하는 데 좋은 도구라는 것을 의미할 뿐만 아니라

도서관 자체로도 교회의 공간 활용에 도움이 된다는 것을 알려줍니다.

바른 소통의 모델이 된 목양교회의 숲속도서관

목양교회의 숲속도서관은 교회가 운영하여 지역사회에 정착한 작은 도서관의 좋은 사례입니다. 지역 주민에게 교회가 지향해야 할 올바른 소통을 보여주었기 때문입니다.

목양교회는 이름처럼 전원교회를 지향하고 있습니다. 도심을 벗어나 구불구불한 길을 지나서 도착하면 가장 먼저 넓은 잔디광장이 눈에 들어옵니다. 교회는 제법 큰 규모입니다. 본당이 대략 1,000석 정도 규모이니 보통의 대형교회라고 생각하면 됩니다.

교회 건물로 들어가려면 잔디광장을 지나도록 되어 있습니다. 도심에서 벗어난 위치와 산기슭에 인접한 구조만으로도 전원교회의 감성을 줄 수 있지만, 교회 중앙에 자리 잡은 잔디광장을 통해서 한국 어느 교회에서도 느껴보기 어려운 편안한 감성을 선사합니다. 넓게 펼쳐진 잔디광장을 보는 것만으로도 마음이 풍성해집니다.

이 잔디광장은 본당 앞에 있기에 사람들이 많이 지나다니며, 가장 눈에 띄는 공간이기도 합니다. 시각적으로만 아름다운 것이 아니라 기능적으로도 많은 역할을 하고 있습니다. 어린이들이 뛰어노는 놀이터로도 사용되고, 소그룹 모임을 하는 교제의 공간으로도 사용되며 봄가

을에는 야외 영화관으로도 사용되는, 전원교회의 감성을 느낄 수 있는 핵심 공간입니다.

숲속도서관은 이 잔디광장과 나란히 위치하고 있는 교육관 2층에 있습니다. 교육관에는 잔디광장이 보이는 테라스와 카페가 있는데, 그 카페 뒤에 도서관이 자리 잡고 있습니다. 이 카페는 도서관보다 먼저 운영을 시작했는데, 도심을 벗어나 한적한 공간을 제공하여 지역 주민들에게 많은 사랑을 받게 되었습니다. 이후 지역 주민에게 더 필요한 것이 무엇일까 고민한 결과 기획된 것이 이 어린이 도서관입니다.

> 대화의 첫 규칙은 듣는 것이다. 말하고 있을 때는 아무것도 배울 수 없다. 오늘도 많은 것을 배우기 위해서는 그저 상대의 말을 경청하는 것뿐이다.
>
> — 넬슨 만델라

> 다른 사람의 이야기를 진지하게 들어주는 경청의 태도는 우리가 다른 사람에게 보일 수 있는 최고의 찬사 가운데 하나이다.
>
> — 데일 카네기

소통한다고 할 때 우리는 일방적으로 자신만의 이야기를 하는 경우가 많습니다. 상대방의 이야기는 듣지 않고 혼자 이야기하고는 소통했다고 생각하기도 합니다. 그러나 진정한 소통의 가치를 실현하기 위해서는 듣는 것이 먼저입니다. 상대방의 이야기를 들어주고, 공감해주는 것이 더욱 가치 있는 소통이 아닐까 하는 생각이 듭니다.

오늘날 지역사회와 소통하면서 봉사하고 섬긴다는 교회들의 모습도 위의 예처럼 일방적인 소통은 아닌가 싶을 때가 있습니다. 지역 주민의 이야기는 듣지 않고 우리 교회는 이런 교회다, 우리는 이런 것을 잘한다와 같이 일방적으로 자신의 이야기만 하고 있는 것은 아닌지 점검해볼 필요가 있습니다.

전원교회의 감성을 담은 지역의 문화공간을 위해

목양교회에서 도서관 디자인을 저에게 의뢰했을 때의 요청 사항은 가족이 같이 와서 카페에서 차도 마시고 책도 같이 읽는 지역 주민의 문화공간이 되도록 해달라는 요청이었습니다. 특히 교회 성도보다 지역 주민이 편하게 자주 찾을 수 있는 공간이었으면 좋겠다는 것이었습니다. 멋진 도서관이나 책이 많은 도서관이 아니라, 지역 주민들의 이야기를 경청하고 그들의 필요에 맞게 아이들이 찾아오고 오래 머무는 도서관을 만들고자 하는 생각이 무척 마음에 와 닿았습니다.

먼저 교회의 위치, 입지 조건에 대해 분석했습니다. 몇 주 동안 시간이 날 때마다 교회에 찾아가서 교호 주위를 거닐고 잔디광장에 앉아 책도 보면서 교회의 감성에 빠져들고자 노력했습니다. 그곳의 특징과 공간에 빠져들며 묵상하는 것은 제가 디자인 작업을 시작할 때면 늘 하는 일이지만, 목양교회는 특히 전원교회의 감성이 물씬 풍기는 곳이어서, 마치 드라마의 주인공처럼 더욱 행복하고 풍성한 시간이었습니다. 그리고 이곳에 아이들과 책을 보러 온다면 어떤 공간이어야 아이들이 좋아할 것인지 고민했습니다.

가장 먼저 든 생각은 도서관이 아이들의 눈높이에 맞았으면 좋겠다는 것이었습니다. 이어서 어린이들에게 편리한 교회 도서관은 어떻게 디자인해야 할지도 상상했습니다. 그러나 상상한다고 해서 쉽사리 좋은 아이디어가 떠오르는 것은 아닙니다. 고뇌와 인내의 시간도 따라오게 됩니다. 곧바로 답을 얻지 못하고 고민하며 지인이 운영하는 유치원에 찾아가서 아이들을 관찰하기도 하고, 외국의 사례도 찾아보다가 목양교회에서 며칠간 새벽예배를 드리기로 했습니다. 목양교회의 아이들에게 선물하는 도서관이기에 가장 목양교회다웠으면 좋겠다는 마음이 들었기 때문입니다. 그렇게 새벽예배를 드리던 중, 하루는 믿음, 소망, 사랑을 주제로 설교가 이루어졌습니다.

저는 어머니의 뱃속에서부터 교회를 가고 예배를 드렸던 모태신앙인이고, 40년 넘게 교회를 다녔기에 어느 사이에 웬만한 이야기는 잘 안다고 생각했던 것 같습니다. 그래서 뭔가 깊이 있어 보이거나 사회에 대해 새롭게 바라보게 하는 설교를 은연중에 선호하는 경향도 있었습니다. 그날도 새벽예배를 통해 뭔가 모티브를 얻을 수 있을까 하는 기대감이 있었는데, 설교 제목이 믿음, 소망, 사랑이라고 하니 그동안 너무나 많이 들어온 단어여서 처음에는 괜스레 아쉬운 마음까지 들었습니다. 그런데 예배를 드리다 보니, 이 단어들만큼 신앙에 핵심적인 단어가 있을까 하는 깨달음이 들었습니다. 또 우리의 아이들이 믿음, 소망, 사랑 안에서 성장했으면 좋겠다는 마음도 깊어졌습니다. 그리고 그 주일에 참관했던 어린이 예배에서 아이들이 기도를 시작하기 전에 '믿음, 소망, 사랑'이라고 구호를 외치고 기도를 하는 모습을 보게 되었습니다. 그때 아, 이거구나 하는 생각이 들었고, 이 주제가 하나님을 통해 발견한 콘셉트라고 확신하고 하나님의 인도하심을 감사했습니다.

믿음, 소망, 사랑을 테마로 한 아이들의 눈높이에 맞는 공간

목양교회의 도서관은 세 공간으로 나누어져 영역별로 믿음존, 소망존, 사랑존으로 구성되어 있습니다.

믿음존은 자녀의 신앙의 성장을 돕는 데 초점이 맞추어져 있습니다. 특히 바닥이 마루로 되어 있어서 아이들과 부모님이 같이 오순도순 앉아서 자유롭게 책을 볼 수 있도록 구현되어 있습니다. 또한 일정거리마다 계단처럼 올라갈 수 있는 단을 설치하여 바닥에 앉을 수도 있고, 벤치처럼 기대앉아 책을 읽을 수도 있습니다. 이 구조는 주일예배를 드릴 때도 효율적으로 활용됩니다. 운동장 스탠드처럼 아이들이 그곳에 앉으면 마치 콘서트홀 같은 작은 예배당이 되기 때문입니다.

설교하는 목사님이나 성경공부를 가르치는 선생님도 한눈에 아이들을 바라볼 수 있기에 아이들을 케어하기에 매우 효과적인 공간입니다. 이처럼 저는 늘 공간의 멀티유즈를 지향하고, 교회의 필요를 채우는 도구로써 디자인을 구현하고자 합니다.

소망존은 우리가 흔히 보는 도서관의 구조입니다. 의자와 탁자가 놓여 있고 벽장과 중간에 놓인 책장들에 여러 종류의 책이 가지런히 비치되어 있습니다. 차분히 책을 읽으며 어떤 사람으로 자랄 것인지 꿈꾸고, 나아가 하나님께 사용될 것을 소망하는 공간입니다.

소망존을 지나 모퉁이를 돌면 별도의 공간이 다시 나오는데 이곳이 사랑존입니다. 이곳에는 집 모양의 평상과 푹신한 소파들이 있습니다. 북카페처럼 책을 읽으며 서로의 삶을 나눌 수 있도록 고려되어 있습니다. 즉, 카페의 연장선에서 책과 사람들과 편안하게 교제할 수 있도록 배려된 공간인 것입니다.

숲속도서관은 이렇게 믿음존, 소망존, 사랑존의 세 공간이 하나로 어우러지면서 아이들과 부모들이 함께하는 도서관으로, 다양함을 누릴 수 있는 공간으로 완성됩니다.

천장에는 각 존의 이름이 예쁘게 디자인된 타이포그래피로 조명에 비치는 것도 특징이지만, 또 한 가지 이곳만의 재미있는 특징은 입구입니다. 도서관으로 들어가는 입구는 10미터 정도의 긴 통로인데, 이 통로의 천장이 타원형으로 되어 있어, 마치 동굴로 들어가는 것 같은 느낌을 줍니다. 이 통로에는 아무런 장식이 없고 천장부터 벽, 바닥까지 온통 노란색으로 칠해져 있습니다. 너무 많은 정보와 시각적인 메시지에 둘러싸여 살고 있는 현대의 아이들에게 잠시 아무런 메시지도 없는 공간을 제공하여, 도서관에 들어서면서 리셋될 수 있도록 한 일종의 기능적인 장치이기도 합니다. 동굴의 감성과 따뜻한 색감이 주는 편안함이 도서관으로 향하는 아이들에게 재미와 기대감을 선물하고 있습니다.

중간부터는 몇 개의 불규칙한 구멍이 뚫려 있습니다. 이 구멍을 통해서 안쪽의 도서관 모습이 서서히 보이기 시작하고, 아이들은 어서 도서관에 들어가고 싶어 발걸음을 빨리하곤 합니다.

이곳은 기존의 도서관과 같은 콘셉트가 아니기에, 다른 도서관들과 비교하거나 경쟁하지 않아도 됩니다. 목양교회만이 제공할 수 있는 도서관이기 때문입니다. 기존 도서들을 읽는 것뿐만 아니라 믿음존의 e-book 코너에서 전자책을 보기도 하며 소망존에 같이 있는 영상실을 통해서 영상도 시청하고, 사랑존에서는 차와 함께 이야기를 나눌 수도 있습니다.

가족이 함께하는 좋은 도서관으로 자리 잡다

우리는 기존 개념을 내려놓고 시대를 이끌어갈 수 있는 새로운 개념을 불어넣어야 한다고 생각하지만, 막상 자신의 상황에서 그것을 실행해야 할 때는 변화에 대한 두려움 때문에 쉽게 실천하기 어렵습니다. 만일 도서관에 대한 기존 개념을 그대로 가지고 접근하여, 마감재를 깨끗이 하고 도서와 가구들을 새로 배치하는 것으로 그쳤다면 지금과 같은 열매를 맺지 못했을 것입니다.

이 숲속도서관은 교회에서 운영하는 어린이 도서관으로서 좋은 사례가 되어줍니다. 도서관의 기존 개념을 내려놓고 여러 기능을 담아 확장하여, 오래 머물고 가족이 함께하는 공간으로 도서관의 개념을 새롭게 정리했기 때문입니다. 또한 주일에는 교회공간의 한 부분으로 교회의 감성과 기능을 도와주고 도구로 활용되는 멀티유즈 공간으로 쓰이게 됩니다.

목양교회의 숲속도서관은 지역사회에 기여하는 노력을 인정받아, 해당 지역의 구청에서까지 좋은 도서관으로 선정하여 지원할 정도로 활성화되었습니다. 이는 지역의 니즈를 파악하고 지역 주민에게 가장 필요한 모습으로 교회가 다가가는 올바른 소통을 보여주었기 때문에 가능한 일이었습니다.

● 숲속도서관 입구. 10미터 정도의 복도를 지나며 마치 굴을 통해 새로운 공간(숲)으로 들어가는 것처럼 연출되어 있다.

●● 믿음존에 글자로 제작된 공간이 재미를 더한다. 계단식 마루로 되어 있어 자유롭게 걸터앉아 책을 읽을 수 있으며 주일에는 아이들의 예배 장소로도 활용된다. 뒤편의 빨간 박스는 영상과 e-book을 볼 수 있는 영상도서관이다.

● 숲속도서관의 소망존
●● 천장에는 영역별로 글자를 이용한 조명 조형물이 설치되어 있다.

희망

공간과 전시관의 제약을 뛰어넘다

컴패션

사람들을 찾아가는 움직이는 전시관

컴패션은 하나님의 사랑을 실천하는 NGO답게 구성원들도 신실한 크리스천으로 이루어져 있습니다. 컴패션의 이동식 체험관은 세계 어린이들의 아픔을 알리고 함께 사역에 동참하기 위한 방안으로 기획되었습니다. 이곳을 작업할 때는 처음 기획회의 때부터 같이 기도하며 하나님이 주시는 지혜를 구했습니다. 함께 모여 기도하고 기획회의를 진행할 수 있는 클라이언트를 만나는 것도 축복입니다.

이곳은 사람들이 찾아오는 공간보다는 사람들을 직접 찾아가는 공간으로 완성되었습니다. 이후 부산, 광주 지역 등의 교회는 물론 학교와 서울시청 등 공공기관에 초대되어, 사람들에게 입체적인 체험을 주는 도구로 사용되고 있습니다.

움직이는 전시관, 즉 찾아가는 전시관은 한국에서 처음 시도하는 프로젝트였습니다. 물론 미국의 NGO에서는 이미 운영되고 있는 것이지만 한국의 상황에 맞게 변형해야 했고, 얼마나 효과적인 결과를 가져올지 가늠할 수 없었습니다.

미국은 땅이 크고 이동거리가 길기 때문에 트럭을 가지고 운영하고 있습니다. 트럭 자체가 전시관이자 이동수단이 되는 것입니다. 그러나 한국에서는 트럭을 가지고 찾아가도 정착할 주차장도 협소할뿐더러 효율성이 떨어지는 것으로 결론을 내렸습니다. 그래서 6개월간의 기도와 회의를 통해서 조립식으로 이동식 전시관을 만들기로 결정했습니다. 이동과 조립이 효율적이려면 반나절 만에 조립과 세팅을 할 수 있어야 하고, 이동이 가능하도록 규격화되어야 합니다. 세팅에 그 이상 시간이 걸리거나 이동을 위한 규격화가 되지 않으면 이동식 전시관으로서 효율성을 발휘할 수 없기 때문입니다.

저는 세 시간 안에 이동식 체험관을 준비할 수 있도록 고안했습니다. 골격을 조립하는 데 한 시간, 벽면을 완성하는 데 한 시간 그리고 도구들을 진열하는 데 한 시간 정도로 완성되어야 서울에서 부산까지 가더라도 하루에 세팅을 마칠 수 있다고 판단했기 때문입니다. 또한 트럭 한 대에 시설을 모두 실을 수 있도록 골조와 패널을 규격화했습니다. 그렇게 하여 가벼운 소재, 이동 시 손상이 되지 않는 마감, 쉬운 세팅 방법 등을 만족시키는, 세상에 없는 제품을 만들기 위해 설계도를 가지고 다니며 몇 달을 공장에서 세트 제작에 매달렸습니다.

생생하게 재현된 이동식 체험관을 만들다

이동식 체험관의 캐치프레이즈는 '가난에서 희망으로'입니다. 가난으로 꿈을 잃은 어린이가 그리스도의 사랑으로 변화되는 세계 선교의 현장을 체험할 수 있는 세트장입니다. 가장 큰 매력은 10평 정도의 공간만 있으면 교회나 기관으로 직접 찾아가서 세트장을 설치할 수 있다는 것이며, 오감을 통해 경험이 이루어진다는 것입니다. 실제와 같이 생생하게 재현된 세트를 보고, 듣고, 만지고, 냄새 맡고, 느끼며 가난의 실체와 의미를 깨닫게 합니다. 흥미롭고 창의적인 방식으로 가장 효과적인 교육적 경험을 제공할 수 있습니다.

이동식 체험관을 런칭한 후 전국에서 2만여 명이 체험전을 관람했습니다. 만족도는 4.75점(5점 만점)으로 다른 사람들에게 추천한다는 응답자 비율도 76%라고 합니다. 그동안 체험관은 서울, 대전, 부산 등의 교회는 물론 서울시청, 한동대학교, 한전아트센터, 킨텍스 크리스마스 페어, 대구와 대전의 백화점 등 다양한 공간을 찾아갔습니다.

모든 프로젝트가 그렇지만, 어떤 스토리를 구현해내는가가 이동식 체험관의 성패를 가름하는 가장 중요한 사항이었습니다. 이 체험관은 한 아이의 이야기를 중심으로 하고 있습니다. 필리핀의 쓰레기 마을에 살고 있는 알조라는 아이의 이야기입니다. 컴패션에서 후원하는 아이들 중 추천을 받아 선별한 최종 네 명의 어린이 중 알조의 삶을 중심 스토리로 잡게 된 것은, 열두 살의 어린 나이에 매일같이 쓰레기를 줍지 않으면 살아갈 수 없는 불우한 환경에서도 누구보다도 꿈과 희망을 잃지 않고 노래하는 아이였기 때문입니다.

가난을 체험하고 희망을 꿈꿀 수 있도록 구성한 세트

이동식 체험관은 총 여섯 개의 방으로 구성되어 있는데, 알조가 살고 있는 쓰레기 마을을 경험하는 것으로 시작됩니다. 이어폰과 동영상 플레이어를 가지고 입장하면 애플리케이션을 통해 15분 정도의 동영상이 재생되는데, 동영상의 설명과 인도에 따라서 이동하며 체험하는 시스템입니다. 이것은 작은 공간에서 깊이 있는 체험을 줄 수 있도록 고안한 방법으로, 아날로그의 세트장과 디지털 프로그램이 조합되어 깊이 있는 체험이 이루어지게 됩니다.

쓰레기 언덕을 지나 작은 방으로 들어가면 실제 사이즈와 동일한 알조의 집을 볼 수 있습니다. 너무 좁아서 다리를 펴기 힘든 방의 벽면에는 알조가 쓰레기 더미에서 주웠던 잡지의 사진들이 붙어 있습니다. 알조는 잡지에서 웃고 있는 가족의 사진들을 직접 벽에 붙이고 그것을 바라보며 자신의 가족도 행복하게 살아갈 수 있도록 하나님께 기도하고 있다고 합니다. 이어서 알조와 후원자의 이야기가 있는 방으로 이동해서 알조의 꿈을 만나보고 그가 적어놓은 편지와 노트들을 볼 수 있습니다.

다음 방은 알조와 같은 전 세계 가난한 어린이들을 위해 기도하는 소망의 방입니다. 이 공간은 유리로 된 벽에 십자가가 달려 있고, 사방에는 어린이들이 웃고 있는 사진을 배치하여 방 안에 수많은 아이들과 같이 있는 듯한 느낌을 줍니다. 많은 사람들이 이곳에서 눈물을 흘리는데, 학대받고 노동에 시달리는 세계의 어린이들이 영상에 담겨 있기 때문입니다. 모든 이들이 이 소망의 방에서 잠깐 멈춰서 응원의 마음을 담아 기도하며, 그것이 아이들의 인생을 바꾸는 기도가 될 수 있기를 바라게 됩니다.

마지막 공간은 컴패션이 이런 어린이들을 어떻게 돕고 있는지 구체적으로 보여줍니다. 교육자료, 의료기구, 위생기구 등 구체적이고 다양한 자료들을 공유하며 어린이를 위한 프로그램을 소개하고 있습니다.

이동식 체험관을 경험하는 이들에게 쓰레기 마을의 실상을 더 생생하게 전달하고 싶어서 필리핀 현지에서 쓰레기를 가져온 컴패션 스태프의 노력이나, 많은 아이들이 후원자를 만날 수 있기를 눈물로 기도했던 스태프의 노력 모두가 하나님이 준비하신 만남을 기대하면서 흘렸던 땀방울이라 생각됩니다.

● 구조물의 손쉬운 이동과 설치에 대해 협의하는 모습

● 공간에 세트가 설치된 모습

● 이동식 체험관의 체험 진행 모습(기도방)

체험

경험과 놀이를 통해 기술을 배우다

테크

샌프란시스코의 목사가 된 친구와의 만남

하나님은 제가 성장하면서 귀한 친구들을 만날 수 있도록 허락해주셨습니다. 생일파티를 성대하게 열어주며 제가 존재만으로도 귀하고 사랑받는 사람이라는 것을 깨닫게 해준 부자집 친구도 있었지만, 반대로 지지리도 가난한 집의 장남인 친구도 있었습니다. 그런데 이 친구와의 만남은 처음부터 범상치 않았습니다.

CCC 여름 수련회 프로그램 중에는 수련회 후 2박 3일간 한 푼도 없이 지역을 돌면서 전도하는 이른바 '거지 순례 전도'가 있습니다. 저는 대학교 1학년 여름 수련회 후 거지 순례 전도를 하기 위해 이동하는 버스 안에서 이 친구를 만나게 되었습니다. 외대 독일어과를 다닌다고 자신을 소개한 친구는, 좋은 목사가 되려고 하는데 바로 신학과에 진학하는 것보다 독일어를 전공하여 신학대학원에 가는 것이 더 깊이 있게 성경을 공부하는 데 도움이 될 것 같아서 독일어를 전공하기로 했다고 말했습니다. 그리고 자신이 어떻게 하나님을 인격적으로 만나게 되었고, 어떤 비전을 갖고 있는지 열성적으로 이야기해주었습니다. 그렇게 버스로 이동하는 한 시간가량 계속해서 이야기를 나누었습니다. 그가 한 이야기 중에 가장 놀라웠던 것은 그 친구가 고등학생 때 뜨겁게 박수를 치면서 찬양하다가 손바닥에서 피가 난 적이 있다는 이야기였습니다. 그게 정말 가능할까 하는 생각도 들었지만, 나중에 그의 열정적인 찬양과 예배의 모습을 실제로 보고 난 뒤에는 거짓이 아니겠구나 하는 마음을 갖게 되었습니다.

그와 첫 단기선교를 외국으로 갔을 때, 그는 저를 위해 쇼핑몰에 가서 '내 친구가 디자인을 전공하고 있는데, 도움이 되도록 카탈로그를 달라'고 영어로 말하며 당시에는 귀한 외국의 서적과 인쇄물들을 받아주려고 애쓰기도 했습니다. 그리고 이후 저와는 대학 시절 내내 둘도 없는 동역자가 되었습니다.

그를 만난 지 30년이 다 되어가는 지금, 그는 30년 전에 이야기했던 대로 목사의 삶을 살고 있습니다. 예상하지 못했던 것은 멀리 샌프란시스코에 있는 교회의 목사가 되었다는 것이지요. 여전히 열정적으로 살아가고 있는 그는 고맙게도 저를 세상에서 제일 아이디어가 좋은 디자이너라고 생각해줍니다. 그래서 그 지역의 구글 본사에서 인재 채용 정보가 있으면 구글은 창의적인 사람을 좋아한다면서 도전해보라고 알려주기도 합니다.

결혼 15주년을 맞이하던 해, 그 친구가 있는 샌프란시스코로 가족여행을 가기로 결정했습니다. 친구의 집에서 머무르면서 애플, 페이스북, 구글, 인텔 본사를 탐방할 수 있는 기회를 가지고 싶었고, 무엇보다도 친구가 보고 싶었기 때문이지요. 그렇게 샌프란시스코에서 2주가량 지내며 이것저것을 경험할 수 있었습니다. 하루하루가 아쉬웠던 저는 무리하게 일정을 계획하고, 스탠퍼드 대학교를 구경하기 위해 샌프란시스코에 도착하자마자 이동하기도 했습니다. 당시에 너무 피곤해서 그곳에서 본 하늘이 빨갛게 보였던 기억이 있습니다.

그 기간에 친구가 가족과 함께 가보면 좋겠다고 추천한 공간이 바로 테크라는 박물관입니다. 호기심이 많은 제가 특히 재미있어 할 거라며 추천하기에 저도 기대하는 마음으로 가보게 되었습니다.

과학기술의 원리를 놀이로 배울 수 있는 신개념 테마파크

테크는 샌프란시스코 아래 지역의 산호세라는 동네에 위치하고 있습니다. 테크라는 이름에 걸맞게 첨단기술을 가지고 만든 일종의 테마파크와 같은 곳으로, 경험과 놀이를 통해

● 도로에서 본 테크의 외관
●● 테크로 들어가는 문

서 기술을 접하고 배울 수 있는 공간이었습니다. 아직 한국에서는 쉽게 접할 수 없는 개념의 공간이고, 처음 경험하는 신선한 공간이어서 좋았습니다. 저는 아이맥스 영화 관람까지 포함해서 총 여섯 시간 정도를 그곳에서 보냈는데, 정말 시간 가는 줄 모르게 흥미 있는 시간이었습니다.

테크에 도착하면 테크라는 이름 아래에 'Museum of Innovation'이라고 적혀 있습니다. 이 문구도 이 공간에 대한 기대감을 높이게 했습니다. 로비에 들어서니 마치 멀티플렉스 영화관 같은 분위기라는 생각이 들었습니다. 많은 사람들이 입장 티켓을 구매하는 매표소에 길게 줄을 서 있고, 옆에 있는 상점에도 사람들이 가득한 모습이었습니다.

표를 사서 입장하면 네 개의 단어가 어디에서나 보이도록 크게 적혀 있는 것이 눈에 들어옵니다. 처음에는 그저 공간에 텍스트를 디스플레이한 것이라고만 생각했는데, 테크의 이곳저곳을 경험한 뒤에는 이 단어들이 이 공간을 설명하는 이야기들이라는 생각이 들었습니다. 그 단어는 Imagine, Invent, Connect, Collaborate입니다. 즉, 테크라는 공간 전체가 상상, 발명, 연결, 협력을 이루는 공간으로 디자인되어 있는 것입니다.

이곳은 세계 IT산업의 핵심인 실리콘밸리 기업들의 협찬을 받아 운영되고 있다고 합니다. 그래서 생명공학, 우주과학, 로봇공학 등 현대 과학기술의 다양한 카테고리를 경험할 수 있습니다. 네 개의 단어가 보여주는 다양한 철학과 함께 우주 유영 체험, 지진 체험, 수중탐사선 체험, 롤러코스터 체험 등 첨단기술을 이용한 다양한 장치들을 체험할

● 롤러코스터의 원리와 프로그램을 경험하는 공간
●● 지진 체험 공간

수 있게 되어 있습니다. 그리고 그런 경험은 이곳을 방문한 이들에게 과학기술에 대한 흥미를 갖게 하며, 어린이들에게는 과학자가 되고 싶다는 꿈을 더욱 구체적으로 그려볼 수 있게 도와줍니다.

배우고, 직접 설계하고, 체험하는 다양한 프로그램

개인적으로 흥미로웠던 공간은 롤러코스터 공간입니다. 이곳은 롤러코스터의 설계 원리를 배우고 직접 설계까지 해볼 수 있도록 꾸며져 있습니다. 원심력과 중력에 대한 설명도 볼 수 있고, 롤러코스터가 운행되는 동안 어느 부분에서 가장 높이 올라갈 것인지, 어느 부분에서 떨어지는 각도를 크게 할 것인지 등 롤러코스터의 동선을 직접 고안하고 설계할 수 있습니다. 저도 어떻게 떨어지는 것이 가장 효과가 클지, 또는 원심력이 어떻게 작용할지 등을 상상하면서 구간을 고안하였습니다. 그런데 더 재미있는 것은 그 다음입니다. 앞에 놓여 있는 장치에 탑승하여 버튼을 누르면 자신이 설계한 대로 가상현실을 기반으로 운행되는 탑승 체험을 할 수 있습니다.

이 롤러코스터는 4D 상영관에서 체험한 것보다 더 정교해서, 실제로 놀이동산에서 롤러코스터를 타는 것과 흡사한 수준의 경험을 할 수 있습니다. 또 롤러코스터 앞에 있는 대형 모니터에 실제 롤러코스터에 탔을 때 보게 될 시각을 표현하여, 올라갈 때는 하늘이 보이고 앞으로

● 테크가 위치한 실리콘밸리에는 세계 IT 기업들의 본사와 많은 전시공간들이 있다. 사진은 구글 본사
●● 실리콘밸리의 인텔 본사와 역사관

떨어질 때는 땅에 가까워지는 모습이 보이도록 해서 정말로 롤러코스터를 탄 듯한 기분을 느끼게 합니다.

이렇게 자신이 고안한 롤러코스터를 경험하고 나면 그 매력에서 빠져나올 수가 없습니다. 어떻게 하면 더 재미있을지 계속 상상하고 고민하게 됩니다. 게다가 놀이공원에서 운행하는 실제 롤러코스터의 운행 프로그램도 제시되어 있어서, 자신이 고안한 것과 비교해가면서 롤러코스터의 동선을 그려볼 수 있습니다. 이 공간 하나만으로도 저는 인생 최고의 상상력 날개를 달고 몰입할 수밖에 없었습니다.

하지만 그밖에도 테크에는 이곳에서만 해볼 수 있는 다이내믹한 체험들이 많습니다. 인기가 많은 지진 체험, 가상 우주 체험 등은 물론(전기) 발전 체험도 교육과 재미, 두 가지를 모두 제공해주었습니다. 풍력발전, 수력발전, 태양력발전이 어떻게 이루어지는지 그 원리를 배우고, 각각을 이용한 발전소가 만들어내는 전기의 양은 어떻게 되는지를 보면서, 참 쉽고 재미있게 과학을 가르친다고 감탄하게 되었습니다.

혁신적인 미래를 꿈꿀 수 있는 특별한 공간

테크는 단순한 박물관의 기능을 뛰어넘는 공간입니다. 기술을 교육한다는 특수성에 더해 박물관의 교육 방법을 혁신적으로 제시하였기에 2015년에는 미국 박물관이 받을 수 있는 최고의 영예인 국립 박물관 및 도서관 서비스 훈장을 받았습니다.

테크가 위치하고 있는 실리콘밸리는 1939년 스탠퍼드 대학교 졸업생인 윌리엄 휴렛과 데이비드 패커드가 팀을 이루어 휴렛팩커드사를 만들면서 형성되었습니다. 휴렛팩커드의 성공과 혁신을 따라 많은 다른 혁신자들과 기술자들이 이곳에 정착했고, 이제는 세계의 기술적 성장을 주도하는 아이콘이 된 곳입니다. 그런 실리콘밸리에 과학기술을 전담하는 박물관을 짓겠다는 발상은 1978년에 시작되었는데, 그로부터 20년 후에 테크가 이곳에 들어섰습니다. 망고색과 하늘색이 배색된 돔형의 외관은 산호세 지역의 랜드마크가 되었다고 합니다. 세계 혁신을 주도한다는 이곳에서도 20년의 기간을 준비해서 테마 공간을 완성한 것이 인상적입니다.

통계에 의하면 매년 50만 명의 방문객이 테크를 찾는다고 합니다. 테크는 단순한 테마파크가 아니라 다양한 'The Tech Challenge' 프로그램들, 청소년들을 위한 디자인 대회, 인류에게 이로운 일을 하는 사람들을 기리는 'The Tech for Global Good'을 비롯한 많은 프로그램들을 운영하며, 과학을 통해 삶을 풍요롭게 하고 체험을 통해 혁신적인 미래를 위한 꿈을 꿀 수 있도록 돕고 있습니다.

샌프란시스코와 실리콘밸리에는 테크 이외에도 많은 혁신적인 박물관과 전시관들이 밀집해 있습니다. 그뿐 아니라 현재 세계를 선도하고 있는 글로벌 회사들의 본사를 방문하는 것만으로도 신선한 영감과 아이디어를 얻을 수 있을 것입니다.

● 독특한 구조의 인포메이션

●● 풍력발전의 원리를 경험하는 공간

사랑

섬기고 나누다

사랑하는 교회

성도의 기도로 함께 세워가는 교회

사랑하는 교회는 3년을 특별함과 간절함으로 기도하며 세운 교회입니다. 1층, 100평으로 이루어진 작은 교회이지만 그 어떤 교회보다도 목사님과 성도들의 간절한 기도로 세워진 성전이라고 자랑하고 싶습니다. 밤낮 없이 깨어서 특별하게 기도하며 세운 성전이기에, 이 교회의 건축보다는 성전을 세우며 노력했던 기도와 정성을 소개하고 싶습니다.

사랑하는 교회는 대전에 위치하고 있습니다. 작은 규모의 교회이지만 공원과 하천 옆에 자리 잡고 있어서 주위의 자연이 아름다운 전원교회라고 할 수 있습니다.

이곳의 성전을 건축하고 설계하기 전에 먼저 목사님과 만나게 되었습니다. 저를 꼭 만나보고 싶다는 연락에, 제가 교회가 위치한 대전으로 가서 목사님을 뵙게 되었습니다. 당시에는 교회가 상가에 위치하고 있었습니다.

본당에 앉아서 마치 면접을 보듯 목사님, 전도사님, 간사님 세 분과 두 시간 정도 면담을 했습니다. 목사님께서는 하나님을 향한 저의 비전과 신앙, 어떻게 회사를 운영하고 있는지, 어떻게 이 일을 시작하게 되었는지 등을 꼼꼼하게 물으셨습니다. 교회 건축에 대해 상담받고 싶다고 하셨지만 건축에 대한 문의보다는 대부분 저에 대한 질문이었던 것으로 기억됩니다. 저의 가치관과 저의 하나님을 궁금해하시는 질문이 많았습니다.

그렇게 면담이 끝난 뒤 목사님은 꼭 제게 사랑하는 교회의 건축을 맡기고 싶다고 말씀하셨습니다. 얼마전에 교회 부지를 계약하였는데, 비용 등이 준비되는 대로 꼭 제가 설계와 건축을 해주었으면 좋겠다는 요청이었습니다. 다소 규모가 작은 작업이었고 대전까지 내려와야 하는 어려움 때문에 잠시 고민도 있었지만 제가 교회의 성장에 도구가 되는 것은 하나님의 부르심이었기에, 또 목사님의 열정이라면 좋은 작업이 될 수 있을 것이라는 생각에 감사한 마음으로 제가 맡겠다고 약속하였습니다.

그런데 이후로는 목사님으로부터 연락이 오지 않았고, 저 또한 사랑하는 교회를 잊고 지냈습니다. 그러다 자그마치 2년이 지난 뒤에 갑자기 연락을 받게 되었습니다. 목사님께서는 2년 전에 계약했던 부지 비용이 이제야 완납되어서 건축을 시작할 수 있게 되었다며, 저에게 "2년 전의 약속을 잊지 않으셨죠?"라고 말씀하셨습니다. 그 목소리에 가득한 설렘을 느낄 수 있었습니다.

사랑하는 교회의 목사님과 성도들은 지난 2년간 성전을 건축할 수 있게 해달라고 주야로 기도하고 모금하면서 하나님께 간절하게 요청했습니다. 하루도 빠짐없이, 비가 오든 눈이 오든 새벽예배를 드렸고, 교회의 건축 부지로 가서 땅 밟기를 하며 기도하셨던 것입니다. 눈이 많이 온 추운 겨울에는 무릎까지 차는 눈길을 걸으며 기도하다가 얼어버리는 것처럼 발에 마비가 와서 우시기도 하고, 여름에는 비가 너무 와서 땅 밟기를 하다가 장화가 땅에 박히는 바람에 맨발로 기도회를 마치기도 하셨습니다. 그렇게 2년간을 눈물로 기도하면서 드디어 땅을 사고, 건축을 시작할 수 있게 된 것입니다. 목사님께서 지난 2년 동안 기회가 될 때마다 저에게 꼭 교회 건축을 맡기겠다고 말씀하셨다는 성도의 이야기를 들으면서, 그토록 저를 신뢰해주신 것에 대한 감사와 함께 부담감도 생겼습니다.

그 후 저는 교회 건축위원회와의 미팅을 시작으로 준비를 시작했습니다. 일주일에 세 차례 정도 대전에 내려와서 숙소를 잡고 아침, 점심, 저녁마다 건축 부지를 방문하여 교회공간에 담기게 될 햇살과 바람을 상상하며 교회의 콘셉트를 고민하고 스케치했습니다. 그리고 그렇게 세 달 정도의 준비 기간을 거쳐 목사님과 교인들에게 프레젠테이션하는 시간을 가졌고, 그 한 번의 발표로 콘셉트가 확정되었습니다. 제 디자인 계획이 뛰어났다기보다는 2년간 교회가 기도해왔던 마음을 묵상하며 교회가 앞으로 나아갈 비전을 함께 공유하고 경험했기 때문에, 그런 결과를 가져올 수 있었습니다.

이웃을 품고 소통하는 철학을 공간에 담다

사랑하는 교회의 평면도는 예수님이 우리를 안아주시는 형상을 하고 있습니다. 사랑하는 교회의 정신이라고 할 수 있는, 어려운 이웃을 안아주고 섬기며 그들에게 나눠주는 사랑의 실천이 설계에 반영되었기 때문입니다. 이후 사랑하는 교회의 로고도 교회의 모습을 따라 안아주는 모양으로 만들었습니다.

큰 평수의 건물이 아니지만 그 안에는 예배공간과 교육공간이 서로 분리되어 있으며, 두 공간 사이는 중정 마당으로 구획되어 그곳에서 서로 교제하며 소통할 수 있는 공간으로 기획하였습니다.

교회 입구에 도착하면 예배당과 교회 카페가 보입니다. 도로에 접하고 있어서 예배당이나 카페로 바로 들어갈 수 있는 구조입니다. 개방적인 구조로 누구든 편하고 쉽게 찾아오고 방문할 수 있도록 배려한 것입니다.

예배당과 카페 사이에는 길이 나 있는데, 이곳으로 들어가면 교회

● 교회 내 카페 공간 ●● 교회 중정에 있는 나무
●●● 교회 BI가 보이는 외부 전경

의 안마당이 나오고 마당 앞쪽에 교육공간이 자리 잡고 있습니다. 이 안마당에는 계절에 따라 꽃을 피우고 교회와 함께 자라는 나무가 한 그루 있습니다. 예배당에 들어가서 의자에 앉으면 예배당 하단의 창을 통해서도 이 안마당이 보이도록 디자인되어 있습니다. 이것은 이웃을 품어주고 소통하려는 교회의 철학이 잘 반영된 구조입니다. 즉, 외부와 내부가 서로에게 영향을 주며, 그에 따라 교회가 다르게 느껴질 수 있도록 완성되어 있는 것입니다. 외부의 날씨나 햇살의 변화에 따라서 예배당의 분위기와 조도가 바뀌고, 바깥에서도 사각의 프레임을 통해 마치 모니터처럼 내부에서 예배드리는 모습이 생생히 전해집니다. 세상과 소통하고 호흡하며 하나님의 마음을 전하고자 하는 사랑하는 교회의 마음이 숨 쉬고 있기에 이런 공간이 탄생할 수 있었습니다.

간절한 기도를 통해 하나 된 교회

건축허가가 나고 착공 예배를 드리고 첫 삽을 뜬 후 공사현장에는 텐트가 하나 설치되었습니다. 교회에서 설치한 텐트였습니다. 그리고 교회가 건축되는 6개월간 하루도 빠짐없이 그 텐트에서 24시간 기도가 이어졌습니다. 교인들이 24시간을 릴레이로 기도회를 이어갔던 것입니다. 기도는 평일은 물론 주말에도 이어졌

● 사랑하는 교회는 도로에 접해 있어 예배당으로 바로 들어갈 수 있다.

●● 완성된 예배당 모습

● 교육공간 모습
●● 예배당 창을 통해 마당이 보이는 구조로 완성되었다.

고, 낮은 물론 밤에도 교인들이 텐트에 머물며 교회의 건축이 무사히 이루어지기를 기도로 도왔습니다. 제가 서울에서 일을 보고 밤늦게, 또는 새벽에 대전에 도착하면 어김없이 불이 켜진 텐트에서 흘러나오는 기도와 찬송 소리에 감명받아 함께 기도하며 밤을 지새운 적도 있습니다.

또한 사랑하는 교회의 팀워크도 제게는 도전이 되었습니다. 성도가 100여 명이지만 밤에 텐트에 머물며 기도를 이어갈 수 있는 사람은 얼마 되지 않습니다. 다음 날 회사에 가거나 일을 해야 하므로 텐트에서 밤을 지내는 것만도 쉽지 않습니다. 하지만 텐트 기도는 한 번도 끊이지 않았고 언제나 충만했습니다. 다들 6개월간 몇십 번씩 밤을 지새웠을 겁니다. 그런데 텐트에서만 릴레이 기도회가 이어진 것이 아니었습니다. 새벽예배, 금요예배 등 교회 전체적으로도 간절함을 담은 예배와 기도회가 계속 이어졌습니다. 텐트는 완공 예배 전날에야 비로소 자리를 옮겼습니다.

저는 사랑하는 교회를 통해서 기도를 배웠습니다. 그리고 성도들은 건축을 통해서 하나 됨을 경험했습니다. 하나님이 사랑하는 사람들을 하나님의 방법대로 인도하심을 찬양드립니다.

자부심이 되는 공간

SNS의 발달을 통해 일상의 사진을 찍고 그것을 공유하는 시대에 살고 있는 우리는 우리 자신이 누구인지를 잘 표현해주는 공간을 즐겨한다. 이것은 내가 어떤 공간을 사용하는가로 자신의 삶의 질을 나타낸다는 의식이 SNS 사용을 통해 삶 속에 자리 잡고 있기 때문이기도 하다.

그렇기에 이왕이면 비용을 더 지출한다고 해도, 때로는 거리가 조금 더 멀다 해도 그 공간에 자신이 있다는 것만으로도 자부심이 되는 공간에서 머무르기를 원한다. 그 공간이 자신의 라이프스타일을 대변하는 매개체로서 존재하기 때문이다.

자부심을 주는 공간들의 특징은 공간만의 고유한 셀링 메시지가 있다. 셀링 메시지가 잘 표현되어 있는 공간을 소개할 때 스타벅스는 일순위 공간이다.

스타벅스의 셀링 메시지는 도시 속에서의 힐링이다. 즉, 도시에서 생활하는 전문직들이 바쁜 일과 속에서도 일상의 충전과 삶을 누릴 수 있는 공간을 제공하는 것이 스타벅스의 콘셉트이다. 그렇기에 스타벅스의 공간은 우드 톤을 베이스로 하며 고급스럽지만 내추럴한 색감을 고수하고 있다.

스타벅스는 스타벅스만의 셀링 메시지를 치밀하게 완성하기 위해서 스타벅스 본사 사무실 자체도 매장과 똑같이 인테리어를 해놓고 매장에 사용하는 동일한 가구를 사용하면서 매장의 장단점을 파악하고 공간을 발전해가는 데 노력을 기울이고 있다.

스타벅스와는 반대편에 포지셔닝하고 있는 블루보틀의 공간도 자부심이 되는 공간을 설명하는 데 지경을 넓혀주는 좋은 사례이다. 블루보틀의 공간은 심플하고 직관적인 삶을 셀링 메시지로 가지고 있다. 그들은 단순함과 안정감이 바탕이 된 이 공간에서 창의적인 에너지를 생산하며 커피를 즐길 수 있도록 돕고 있다. 커피계의 애플이라고 불리는 이유도 단순히 화이트 톤으로 공간을 인테리어해서만이 아니다. 화이트 톤 인테리어는 지금도 너무 많은 공간에서 활용되고 있다.

한국에 블루보틀이 들어오기 전 캘리포니아와 일본의 블루보틀을 방문한 적이 있다. 입구에 블루보틀의 브랜드 로고 간판으로 시선을 사로잡으면서 직관적인 느낌이 이런 것이구나 하는 생각을 한 적이 있다. 심플하고 미니멀하다는 느낌은 자칫 비어 보이거나 차갑게 느껴질 수 있지만, 블루보틀은 그 안에 자신들만의 자부심의 철학을 녹여내 사람들이 찾아오고 즐기는 공간을 완성해냈다.

자연과 예술이 조화로운 공간

뮤지엄 산(Museum SAN)은 강원도 원주에 위치한 공간이다. 건축가 안도 다다오의 작품으로 오솔길을 따라 마주하는 웰컴센터, 잔디 주차장을 시작으로 플라워 가든, 워터 가든, 본관, 명상관, 스톤 가든 그리고 제이스 터렐 관으로 구성되어 있다. 사계절 변화하는 자연의 품에서 건축과 예술이 조화를 이루는 문화공간인 뮤지엄 산은 소통을 위한 단절이라는 셀링 메시지를 통해 그동안 잊고 지낸 삶의 여유와 자연과 예술 속에서 휴식을 선물하고 있다.

도심을 벗어나 차를 타고 깊이 들어가 자연 속에서 마주하는 뮤지엄 산은 본관을 들어가기 전 플라워 가든과 워터 가든을 산책하듯 걸으며 예술의 공간으로 초대하는 느낌을 준다. 내부공간은 인공적인 조명을 최소화하여 간접조명과 자연 채광으로 공간의 빛을 연출하였고, 공간을 이동하며 보이는 큰 창들은 외부 자연을 공간으로 끌어들여오듯 건물과 공간이 하나처럼 연출되어 있다. 본관에서는 상설전시와 특별전시로 예술 작품들을 감상할 수 있고, 미로같이 연결된 공간 속에서 천천히 걸으며 건물과 예술 그리고 자연을 느낄 수 있다.

가장 인상적이었던 것은 스톤 가든을 지나 만난 제이스 터렐 관이었다. 빛과 공간의 예술가인 제임스 터렐의 대표 작품이 전시되어 있는 곳으로 체험을 통해 우리가 미처 인지하지 못했던 빛의 아름다움과 상상 너머의 공간을 경험해볼 수 있을 것이다.

MUSEUM
SAN

PART 3

과거, 현재,
미래를 한곳에

감성

어른들에게 향수를, 아이들에게 호기심을

안양감리교회 역사관

영적인 유산을 간직한 역사기념공간

역사관 또는 전시관의 매력은 온전히 스토리를 간직하고 있는 공간이라는 것입니다. 입으로 설명하는 것이 아니라 그 사건과 역사를 오브제를 통해 공간으로 전달하므로 더욱 쉽게 내용을 이해하고 받아들일 수 있고, 그에 더해 감성적인 부분까지 전해주기 때문입니다.

영적인 유산을 간직하고 있는 기독교기념공간에는 양화진순교자기념관, 순천 기독교역사박물관, 손양원목사 순교기념관, 제암리 3.1

운동 순국기념관 등이 있습니다.

성경에 나와 있듯이 기념하고 기록하는 것은 하나님의 명령이기도 합니다. 하나님께서 우리에게 베푸신 은혜를 온전히 기록하고 기념해서, 내일 이 땅에 살아갈 다음 세대 역시 하나님의 살아계심과 인도하심을 경험하고 찬양하기를 원하시기 때문입니다. 따라서 그러한 역사를 기록하고 기념하는 것은 하나님의 은혜와 사랑이 본질입니다.

그러나 역사관이나 전시관이라고 하면 왠지 거대한 느낌이 들어 웬만한 대형교회가 아니면 사치라고 생각되거나, 규모 면에서 쉽게 접근하기 어렵다고 생각하게 됩니다. 하지만 기존의 게스트하우스 공간을 역사전시관으로 리모델링한 안양감리교회 역사관은 지역 교회들이 어떻게 공간을 통해서 하나님의 계획과 부르심을 전달할 수 있는지 잘 보여주는 모델입니다.

안양감리교회는 80주년을 준비하면서 역사전시관을 기획했습니다. 지역과 호흡하면서 섬기는 사역에 앞장서고 있는 교회로서, 앞으로의 100년을 향한 모멘텀으로 역사전시관을 생각한 것입니다. 어떻게 생각하면 지역사회와 환경운동에 집중하고 있는 안양감리교회의 철학과 역사전시관이 크게 상관이 없는 것처럼 느껴질 수 있지만, 이제는 지역의 영적 유산을 준비할 때라는 것을 인지하고 다음 세대를 위한 유산으로 역사전시관을 기획한 것은 그 자체로 교회 사역의 연장선이라고 할 수 있습니다.

교회는 역사편찬위원회를 구성하여 약 1년간 80주년사와 자료 정리, 스토리 정리 등을 진행한 뒤, 역사전시관이 영적 계승을 위한 공간이 되려면 신실한 디자이너가 필요하다는 판단으로 저를 찾으셨습니다. 저는 6개월간 위원회 분들과 사전 미팅을 하고, 교회의 역사를 공부하여 세 가지 콘셉트를 제안하였고, 그 결과 '일곱 가지의 M'이 역사전시관의 주제로 선정되었습니다.

역사전시관은 본당 건물의 제일 위층인 7층에 자리 잡고 있습니다. 7층은 그동안 게스트하우스로 쓰였는데, 80주년을 기념하며 이 공간을 리모델링하여 교회 역사관으로 디자인한 것입니다. 7층의 작은 공간을 어떻게 효율적으로 구성하여 안양감리교회만의 영적인 유산을 기록하고 기념할지 연구하고 노력하여 스토리를 구성하였습니다. 또 멋있는 공간으로 그치기보다는 성도들과 지역 주민들이 찾을 수 있는 공간으로 완성하고자 했습니다.

기념전시관은 일곱 개의 키워드로 구성되어 있습니다. 키워드로 명료하게 정리된 이 공간을 방문한 사람은 누구나 공간의 메시지와 철학을 쉽게 이해할 수 있고, 공간의 이야기를 오래 기억하게 됩니다. 이 일곱 개의 키워드는 단어의 첫 자가 모두 'M'으로 시작됩니다.

키워드 공간을 구체적으로 설명하기 전에 먼저 역사전시관의 인트로 공간을 소개합니다. 역사전시관이 위치하고 있는 본당 7층에 도착하면 인트로 공간이 펼쳐집니다.

몰입을 위한 준비, 향수와 호기심을 담은 인트로 공간

인트로 공간은 제가 공간 디자인을 할 때 개인적으로 매우 중요하게 생각하는 공간입니다. 어떤 공간이든 외부에서 사람이 들어오게 되면 감성과 육체가 그 공간에 동화되는 시간이 어느 정도 필요합니다. 문을 열고 들어오자마자 그 공간의 조도와 질감 그리고 이야기에 몰입하기는 쉽지 않습니다. 영화나 드라마를 보거나 사람과 만난 뒤에 어느 정도 여운이 남듯이, 한 공간에서 다른 공간으로 위치가 바뀌었을 때에도 그 전 공간의 여운이 남기 때문입니다. 새로운 공간에 동화되는 시간은 사람마다 편차가 있지만, 그것을 최대한 줄여주는 장치가 바로 인트로 공간입니다. 그래서 개인적으로 저는 인트로 공간의 기능과 감성에 많은 노력을 하는 편입니다.

영화에서도 영화에 몰입하는 준비 단계로서 인트로 부분이 존재합니다. 특히 007시리즈나 액션 영화에서는 인트로 부분이 더 뚜렷합니다. 아마도 주요리가 나오기 전에 애피타이저가 나오는 이유도 주요리를 충분히 맛보고 경험하기 위한 장치가 아닐까 생각합니다.

게다가 전시공간의 특성상 몰입은 더욱 중요한 부분 중 하나이기에, 특별히 안양감리교회 역사관의 인트로 공간은 마치 역사관 안에 또 하나의 전시관이 있는 것처럼 구성했습니다. 이 공간은 안양생활역사관이라고도 부릅니다. 지역의 영적 유산을 온전히 담기 위한 공간답게 안양의 과거 문화를 먼저 소개하고 있으며, 1950~1960년대 안양의 생활상이 모형으로 구현되어 있습니다.

우선 큰 길의 모퉁이에는 문방구가 있습니다. 문방구에는 당시의 책가방부터 시작해서 신발주머니, 노트와 문구류 그리고 당시 문방구에서 팔던 불량식품들까지 구비되어 보는 이들에게 향수를 불러일으킵니다. 더 재미있는 것은 가까이 다가가면 문방구가 환하게 조명으로 밝혀지고 어린이들의 노랫소리가 들려오는 것입니다. 이것은 여러 감각을 통해 과거로의 여행을 입체적으로 즐길 수 있게 도와주는 장치 중 하나입니다.

골목 중간 즈음에는 옛날 사진관이 있습니다. 이곳에는 안양감리교회 교인들의 예전 사진들이 전시되어 있어 재미를 더합니다. 결혼사진은 물론 졸업사진, 회갑 사진과 약혼 사진까지, 그 시절의 정취가 생생하게 담긴 사진들이 전시되어 있어서, 교인들은 서로 누구의 과거 사진인지 상상하고 맞추는 즐거움도 있습니다.

이제 전봇대 쪽으로 걸어오면 극장의 푯말과 과거 영화 포스터들이 그 시절의 추억을 선물합니다. 또 이 건물들의 맞은편에는 인트로 공간의 메인 건물이 있는데, 당시의 안양역이 모형으로 자리 잡고 있습니다. 정차되어 있는 옛날 기차의 창문을 통해 마치 기차여행을 가듯이 과거의 안양 사진들이 보이고, 이곳 역시 사람이 다가서면 매표소에서 조명이 켜지고 기찻길 소리가 울립니다. 기차를 타고 다녔던 세대들에게는 반가운 소리입니다.

인트로 공간을 지나서 들어가는 전시관 앞에는 안양감리교회의 첫 교회 건물과 울타리가 세트로 구현되어 있고, 이 교회를 지나면 비로소 전시관으로 들어가게 됩니다. 교회를 지날 때는 어르신들의 찬양 소리가 들려옵니다. 우리가 안에서 들려오는 찬양 소리에 이끌려 설레며 예배당으로 들어가듯이 전시관으로 들어갈 수 있도록 했습니다.

이렇듯 인트로 공간을 통해 과거의 안양역과 1번가의 길 그리고 삼원극장까지, 안양의 과거 모습을 재현하고 있습니다. 이런 과거의 공간은 어른들에게는 향수를 주고 아이들에게는 호기심을 유발하여 마음을 열게 하는 역할을 합니다. 마음의 문이 열리면 자연스럽게 공간에 대한 몰입도가 높아지고, 감동을 받을 수 있는 준비가 됩니다. 작은 공간이지만 여러 감각을 통해 안양 생활을 체험할 수 있도록 소소한 재미를 숨겨놓았습니다.

일곱 개의 키워드로 전하는 하나님의 계획

이제 키워드 'M'의 첫 공간인 메시지(Message) 관입니다. 이곳에서는 역사관에 대한 소개 영상을 관람하고 목사님의 베스트 설교와 교회 사역 소개를 볼 수 있습니다. 믿음은 들음에서 난다는 성경 말씀에 바탕을 두고, 역사관이 순기능을 할 수 있도록 의지를 담아 말씀이 선포되는 공간을 첫 공간에 배치한 것입니다. 특별한 것은 메시지 공간에 안양감리교회의 1960년대의 본당 내부 모습을 재현해둔 것입니다. 그러니까 예배당 밖에서 내부로 들어온 공간이 연출된 것이지요.

두 번째 관의 키워드는 미션(Misson)입니다. 과거 선교사님들과 믿음의 선배들이 하나님의 미션을 수행하기 위해 노력했던 열정의 삶을 기록하고 있습니다. 복음의 불모지였던 이 땅에 어떻게 복음이 들어오고, 선교사님들이 그 미션을 어떻게 행하였는가에 대해 소개하고, 그들의 순종 덕분에 이 땅에 어떤 열매들이 있었는지를 기록한 공간입니다. 교육, 의료, 사회운동, 민족운동 등 네 가지 영역으로 이 땅에 맺은 열매들을 이야기하고 있습니다. 또한 그 복음의 씨앗이 어떻게 안양 땅에 들어오고 이후 안양감리교회가 세워졌는지도 소개합니다. 교회를 세우는 데 큰 도움을 준 정구석이라는 분이 자신의 신분을 숨겨서, 교회에서 후원에 대한 감사를 신문에 실은 내용도 기록되어 있습니다.

미션 공간을 지나면 메모리(Memory)와 모델(Model) 공간이 동선을 따라 이어집니다.

메모리 공간은 초기 교회를 지나 성장기의 교회와 역대 담임목사님에 대한 소개 그리고 80년간의 교회 역사를 담고 있습니다. 모델 공간은 20여 년간 담임목사를 하면서 목사님들과 성도들에게 좋은 모델이 되어주셨던 백문현 목사님의 삶을 조명하고 있습니다.

이어서 무브먼트(Movement) 공간에서는 7대 살림으로 대표되는 최근 안양감리교회의 철학과 운동력을 소개하고 있습니다. 안양 지역을 향한 비전을 함께 공유할 수 있는 공간이기도 합니다. 선교사님들의 미션을 통해 세워지고 열매 맺은 안양감리교회는 지금 시대에 어떻게 운동력 있게 복음을 전하고 있는지를 보여줍니다. 그다음 멤버십

(Membership) 공간은 이 유동력을 이끌고 있는 구성원들을 소개하는 공간입니다.

마지막 'M'은 Martyr, 증인입니다. 단어 그대로 '우리가 이 일의 증인'이라는 것을 알리고 복음의 삶으로 초대하는 공간입니다. 작은 공간이지만 이 공간의 궁극적인 목적 중 하나인 하나님의 제자를 양성하는 일을 위해 임팩트 있게 자리 잡고 있는 공간입니다.

사실 이 공간은 전시관 입구에 들어서면 정면으로 보이는 공간입니다. 그렇지만 복도 제일 끝에 있어서 바로 만날 수는 없는 구조입니다. 입구에 들어서면 복도에 일곱 개의 단어가 바닥에 빛으로 새겨져 있습니다. 작은 공간을 넓게 보이도록 원근감을 이용하여 더 극적인 효과를 주며, 우리가 가는 길이 이 단어들이 의미하는 길이라는 것을 가르쳐주고 있습니다.

> 구름같이 둘러싼 허다한 증인들이 있으니 모든 무거운 짐과 얽매이기 쉬운 죄를 벗어버리고 인내로써 우리 앞에 당한 경주를 하며 믿음의 주요 또 온전케 하시는 이인 예수를 바라보자. (히브리서 12:1)

즉, Martyr 공간은 이 역사관의 중심 이야기이며 복음으로의 초대이자 선포입니다. 우리가 이 일의 증인이라는 고백과 동참을 전하고 있습니다.

● 인트로 공간을 지나 전시관 복도에 들어서면 M으로 시작되는 단어들이 공간을 자연스럽게 소개한다.

하나님의 계획에 응답하며 살아가는 삶

저는 대학 시절에 인격적으로 예수님을 만나고 필드 선교사로서의 꿈을 키웠습니다. 일생을 한국이 아닌 타지에 나가서 하나님을 전하고 그들과 더불어 살고자 하는 마음을 품었지요. 20대에는 명성이나 재물을 쌓기 위해 시간을 보내기보다 하나님을 위해 살고자 했던 순수함이 컸던 것 같습니다. 동시에, 단순히 하나님을 사랑하니까 선교사가 되고 싶다는 낭만적인 생각도 있었지요. 그런데 시간이 지나면서 여러 가지 일을 경험하고, 하나님의 음성을 통해서 하나님께서 제게 원하는 것은 저의 달란트를 가지고 문화를 통해서 복음을 증거하는 문화선교사로서 일하는 것이라는 사실을 깨닫게 되었습니다. 그리고 감사의 마음으로 '제가 여기 있사오니 저를 사용하여주옵소서'라고 고백할 수 있었습니다. 제가 운영하는 디자인 회사의 이름인 '아이엠'은 그 당시 저의 신앙고백이었던 '제가 여기 있사오니(here I am)'에 뿌리를 둔 것이기도 합니다. 그리고 우리 회사는 저와 같이 자신의 달란트를 통해서 하나님을 전하고 찬양하기를 원하는 이들이 함께 일하는 곳이기도 합니다.

그렇기에 제가 생각하는 모든 디자인과 공간의 목적은 복음 전파에 있습니다. 하나님의 계획에 온전히 응답하는 삶을 살고 싶기 때문입니다. 필드의 선교사들처럼 제 삶이 선교적 삶이 되기를 원하고, 제 작업들이 하나님을 전하는 최고의 도구가 되기를 더욱더 간절하게 기도하며 작업합니다. 제가 하는 디자인에 복음적인 삶이 담겨 있지 않다면, 줄기가 튼실하지 못하고 잎사귀만 무성한 나무와 같이 가치가 없는 것입니다. 저에게 있어 복음을 담는 디자인은 직업이 아니라 삶 자체이며 하나님의 계획에 대한 순종입니다.

또한 저에게 '경제적인 비용으로 완성된 공간'이란 일반적으로 저렴하게 제작했다는 것과는 다른 의미를 지닙니다. 경제적이라고 하면 보통은 '가성비'만을 생각하겠지만, 그것만으로는 충분하지 않습니다. 공간을 방문한 이들에게 복음의 감동을 줄 수 있는 디자인이 바탕이 되어야 합니다. 단순히 기능적인 가성비를 뛰어넘어 공간의 목적을 이룰 수 있는 감성을 구현하는 것이 중요하기 때문입니다. 그래서 경제적인 비용을 산출할 때 다른 디자이너들과는 관점과 기준이 다릅니다. 현재 생각하는 비용보다 조금만 더 예산을 투자하면 100배의 감동을 주는 공간이 될 수 있는데, 10%를 아끼고자 100배의 감동을 실현하지 못한다면 그것은 경제적인 것이라고 할 수 없습니다.

그런 면에서 인트로 공간은 경제적인 디자인을 구현하기 위해서도 꼭 필요한 공간입니다. 마음 문을 열고 감성적으로 그 공간에 흡수되고, 바깥공간과의 교차점을 만들 수 있다면 다음 영역부터는 크게 비용을 들이지 않아도 흐름을 이어갈 수 있기 때문입니다.

많은 사람들이 저에게 어떻게 하면 감성과 영성을 느낄 수 있는 공간을 스토리를 가지고 경제적으로 디자인할 수 있느냐는 질문을 해옵니다. 쉬운 이야기는 아니지만 음악에 비유해서 이야기해보겠습니다. 만약 4분의 4박자라고 하면 한 마디에는 네 개의 한 박자 음표가 들어가 있습니다. 악보를 보면 똑같은 음표가 네 개 있을 뿐이지만 그것이 음악이 되려면 각각의 음표가 조금씩 양보하고 조화를 이루어 강, 약, 중강, 약과 같이 표현되어야 살아 있는 음악이 됩니다.

그처럼 공간도 양보와 조화로 디자인되어야 진정한 공간으로 탄생될 수 있습니다. 무조건 많은 스토리를 담았다고 해서 좋은 것이 아니며, 눈에 보이는 재질만으로 공간을 바라보면 안 된다는 의미이기도 합니다. 우리는 동일한 시간에 비슷한 삶을 살아가고 있는 것처럼 보이지만, 하나님의 계획에 응답하며 살아가는 삶은 그렇지 않은 삶과는 달리 살아 있는 삶이 될 것입니다.

● 과거의 안양역을 재현해놓은 인트로 공간
●● 미션 영역 입구

● 거울로 전시 효과를 준 히스토리 영역

●● 미션 영역 내부 모습

●●● 북카페 같은 커뮤니티 공간

삶과 열정

과거로 시간 여행을 떠나다

극동방송선교역사관

사옥공간을 통해 철학을 공유하는 기업들

요즘은 많은 기업들이 회사의 사옥공간을 활용하여 회사의 철학을 홍보하고 공유합니다. 회사의 철학과 스토리가 사람들의 마음을 건드리고, 그에 공감할 때 그 회사의 제품이나 매출이 힘을 얻기 때문입니다. 이렇게 회사의 스토리를 담는 그릇으로 사옥을 활용하는 이유는 사람의 마음을 움직이는 데 있어 공간이 중요한 역할을 한다는 것을 알게 되었기 때문입니다. 미국이나 유럽의 선진국들뿐만 아니라 가까운 일본이나 중동에서도 사옥공간을 통해 자사의 제품과 철학을 홍보하며 사람들의 마음을 끌어들이는 장치로 적극 활용하고 있습니다.

프랜차이즈나 글로벌 기업의 매장들은 소비자에게 제품의 동질성을 각인시키기 위해서 매장을 동일하게 디자인하지만, 그와는 달리 사옥은 기업의 철학과 방향성을 가지고 디자인을 하는 경우가 많습니다. 사옥은 소비자를 위한 공간이라기보다 함께 일하는 사원들과 넓게는 지지층들, 팬을 위한 공간이기 때문입니다. 그래서 건물 외관만이 아니라 역사전시관이나 홍보전시관, 도서관, 회의실 또는 로비 등 여러 공간을 통해 메시지를 전달하기도 합니다. 우리나라에도 사옥공간을 통해 자신들의 미래와 가치를 담아내는 기업들이 있습니다.

창의적인 기업은 더욱 창의적인 영감을 얻기 위해서 사옥공간을 디자인하기도 하며 제품을 제조하는 기업들은 혁신을 주도하기 위해서 사옥공간을 통해 비전을 전달하고자 노력합니다. 가장 쉽게 볼 수 있는 공간은 역사전시공간으로, 기업의 가치를 제고하며 미래를 준비하는 데 있어 가장 중요하게 생각할 수 있는 공간입니다. 예를 들면 아산병원에 있는 고 정주영 회장 기념공간은 병으로 힘들어하고 나약한 마음이 들 수 있는 이들에게 생명에 대한 희망과 용기를 불어넣어주는 역할까지 감당하고 있습니다.

그중에는 공간을 할애하여 자신들이 걸어온 길과 자신들의 가치에 대해서 설명하며, 사원들과 그곳을 방문하는 이들이 자연스럽게 그 철학을 공유하고 지지층이 되도록 활용하는 방송국도 있습니다.

우리나라는 현재 케이블TV에 기독교 채널 4~5개가 있고, CBS 라디오 방송도 있지만 가장 오랜 역사를 가지고 있는 기독교 방송이라고 하면 아마도 대부분 극동방송을 떠올릴 것입니다.

아시아 전역에 복음을 전하는 극동방송

지금의 극동방송은 미국의 팀 선교회에서 6.25 전쟁 후에 극동아시아 지역에 복음방송의 전파를 보내기 위해서 한국에 세웠던 극동방송과, 이 시기에 동일하게 극동 지역과 동아시아에 복음방송의 전파를 보내기 위해 세워졌던 아세아 방송이 합쳐진 것입니다. 당시 일본 오키나와에 있던 아세아 방송은 미군 철수를 앞두고 어느 곳으로 전파 송신탑을 옮겨야 될지 고민했습니다. 그러다 담당자가 헬기를 타고 지형을 정찰하던 중 제주도를 발견하고, 처음 생각했던 필리핀 지역에서 계획을 변경하여 중국과 러시아에 전파를 보내기에 유리한 위치인 제주도로 거처를 옮기기로 결정합니다. 그리고 제주도로 거처가 정해지자 당시 빌리 그레이엄 목사님 방한 시 통역을 맡았던 김장환 목사님을 찾아가 아세아 방송을 맡아달라고 부탁했다는 일화가 있습니다. 그 후 아세아 방송과 극동방송은 극동아시아 지역을 향한 방송 선교의 효율성을 높이기 위해서 통합했습니다.

제주도에는 극동아시아 지역으로 전파를 송신하는 대형 송신탑이 세워져 있으며 서울의 본사를 포함해 각 지역마다 지사를 두고 있어 한국, 아니 아시아 최대 규모 방송국의 위상을 지니고 있습니다. 또 중국, 러시아 지역은 물론 몽골과 카자흐스탄 등지까지 아시아 전역에 방송을 보내고 있습니다.

중국의 조선족은 물론 북한에서도 극동방송을 듣고 있고, 지금 이 순간에도 지하교회에 숨어서 예배를 드리는 이들이 있습니다. 북한과 중국에서 방송을 듣고 감사의 마음으로 목숨을 걸고 편지와 후원금을 보내오기도 합니다. 꾸깃꾸깃한 쪽지에 적힌 감사의 편지들과 그들이 모아 보내는 후원금을 통해 극동방송이 하나님의 도구로 사용되고 있음을 다시 한 번 감사한 마음으로 느끼게 됩니다. 또 극동방송이 공산권과 극동 지역에 복음을 전하는 데 얼마나 지대한 공헌을 해왔는지 가늠할 수 있습니다.

극동방송은 1990년대 초 노태우 대통령 재임 시 러시아와 수교를 하는 데 있어서도 매개가 되었다는 것을 인정받아 무궁화 훈장을 수여받기도 했습니다. 러시아인들이 듣고 있던 유일한 한국 방송이 극동방송이었고, 고르바초프 대통령도 극동방송을 알고 있을 정도로 문화교류에 기여한 것을 인정받았던 것입니다.

극동방송국 사옥은 서울의 상수역과 홍대역 사이에 있습니다. 지형적으로 홍익대학교 캠퍼스와 거의 붙어 있습니다. 젊음, 청춘이라는 단어로 수식되는 이 지역은 수많은 젊은이들이 모이고, 청춘을 대표하는 문화가 꽃피는 동네입니다. 이 지역에서 유행하는 것이 전국으로 퍼져 유행하게 되고, 이곳에서 인정받으면 전국에서 인정받을 수 있다고 할 정도로, 유행과 낭만을 선도하는 영향력 있는 동네이기도 합니다. 이 지역 전체를 일컬어 '홍대'라고 부르는데, 이처럼 학교 이름이 지역 상권 전체를 대표하는 곳은 이곳뿐인 것 같습니다. 이런 곳에 기독교 방송국이 자리 잡고 있는 것이 언뜻 어울리지 않게 생각될 수도 있지만, 이것 또한 하나님의 계획이라고 생각됩니다.

복음의 전파를 송신해온 역사를 담은 방송선교역사관

극동방송은 본사 건물을 재건축하면서 젊음의 거리이자 서울에서도 유동인구가 최고에 속하며, 한국을 방문한 외국인들도 많이 찾는 이곳의 위치를 고려하여 1층에 방송선교역사관을 만들었습니다. 사옥의 1층에는 대부분 카페나 편의시설들이 위치하는 경우가 많습니다. 또 홍대의 상권을 생각해보면 여러 브랜드의 상점이 서로 임대해 들어오려고 할 것이므로 비싼 임대 수입을 얻을 수도 있었지만, 극동방송은 그것을 포기하고 과감히 1층을 극동방송의 철학을 공유하는 공간으로 만들었습니다. 이것은 극동방송의 뚜렷한 정체성이 있었기에 가능한 선택입니다. 또 공간 역시 복음의 도구라는 것을 명확히 인지하고 있었기에 가능했던 일입니다.

방송선교역사관은 들어가는 입구와 출구가 맞닿아 있습니다. 즉, 들어간 곳으로 다시 나오는 구조입니다. 로비에서만 출입할 수 있는 건물의 형태를 고려한 것도 있지만, 입구와 출구가 같은 공간에 있으면 관람객을 관리하고 체크하기 쉬운 장점이 있습니다. 입장한 사람의 수와 나온 사람의 수를 계수할 때도 한곳에서만 하면 되기 때문입니다. 사람이 몰리면 다소 혼란스러울 수도 있지만 대형 관람공간이 아니면 많이 사용하는 구조입니다.

입구로 들어가면 벽면이 15도로 꺾인 와이드 스크린이 있는 영상관람실이 있습니다. 400인치 정도의 와이드 스크린을 통해 나오는 영상은 입체감과 몰입감을 갖기에 충분합니다. 또 이곳의 진짜 매력은 과거의 방송 송신 장비들과 송신탑들로 꾸며져 있다는 것입니다. 영상이 아니더라도 이 공간에 입장한 것만으로도 신비감과 호기심을 느낄 수 있습니다. 인트로 공간의 기능과 영상관람 기능을 합쳐놓은 공간

● 영상관람실 모습

이라고 생각하면 됩니다. 진열된 아날로그 방송 장비들 뒤로 펼쳐지는 방송선교역사 소개와 선교역사관에 대한 소개는 마치 과거로 시간 여행을 떠나는 듯한 감성을 연출합니다.

영상관람을 한 뒤에는 디지털 방문록을 작성하게 되어 있습니다. 자신의 이름을 모니터에 기입하면 되는데, 이것은 방문자 체크와 방문자의 수를 카운터하는 기능도 있습니다.

영상관람 후 본격적인 전시공간으로 이동하면 마치 산골짜기에 들어온 것처럼 천장이 좁아지고 앞으로는 바닥이 높아지며 그 사이로 길이 나 있습니다. 이것은 방송선교역사관의 스토리인 “복음 들고 산을 넘는 자들의 발걸음이 아름답도다”라는 말씀을 바탕으로, 복음을 전하고자 산을 넘듯이 발걸음을 내디뎠던 이들의 열정을 담은 공간입니다. 바닥이 세 번 정도 높아지는데, 높아지는 기점마다 다른 내용이 전시되어 있습니다. 제일 앞에는 방송 장비의 역사, 두 번째 단에는 문서사역의 역사 그리고 마지막 단에는 방송주파수가 송신되는 나라의 거리를 전시하여 전파가 얼마나 멀리까지 전달되는지 보여줍니다.

처음에 전시장으로 들어오면 화이트 톤으로 된 방들이 잘 보이지 않아서 아무것도 없는 듯 시각적으로 단순하게 느껴지지만, 길을 따라 걸어가면 작은 방이 나오고, 하나하나 발견해가는 기대감과 재미를 느낄 수 있습니다. 아무것도 없었던 불모지 같았던 이 땅에 복음이 들어와 방송을 시작하고, 여러 방향으로 이 땅에 열매가 맺어진 것을 공간적으로 나타내고 있습니다.

첫 번째로 나오는 방에는 초기의 극동방송 스튜디오가 재현되어 있습니다. 부스 등 기자재는 물론이고 큐시트, 초기 선교사들의 일기, 가족사진 등이 전시되어 있는데, 그 시대를 살았던 선교사들의 삶과 열정 그리고 방송에 대한 노력을 공감할 수 있습니다. 그들의 고뇌, 땀과 눈물이 담겨 있는, 선교사들의 삶이 가슴으로 전달되는 공간입니다.

다시 방을 나와서 길을 걸어 오르면 작은 무대가 있는 방이 나옵니다. 이 공간은 극동방송국이 한국 기독교 문화를 위해 노력해온 역사가 담겨 있는 방입니다. 그중에서도 극동방송 복음성가제는 이 땅에 찬양의 물결을 만들어냈고, 이를 통해 역량 있는 사역자들을 발굴하며 기독교 문화의 산실 역할을 감당했던 행사였습니다. 극동방송 복음성가제는 지금까지 이어지고 있으며, 이 대회를 통해 발표된 찬양과 발

● 복음 들고 산을 넘는 자들의 이야기로 완성된 전시관 구조

● 초기 스튜디오관

굴된 사역자들은 지금 이 시간에도 많은 영향을 끼치고 있습니다.

이제 다시 단을 올라와서 뒤편으로 들어가면 극동방송을 듣고 중국과 북한, 러시아의 청취자들이 보내온 편지들의 복사본이 벽을 장식하고 있습니다. 어찌 보면 눈에 보이지 않는 전파가 이루어낸 열매를 보여주는 최고의 결과물입니다. 그저 복음을 들을 수 있는 것만으로도 감사하며 인편을 통해 힘들게 도착한 편지들입니다. 하나님을 영접했다는 내용, 목사님이나 성경이 제대로 없어서 방송을 들으며 예배를 드릴 수 있었다는 감사의 내용 등이 모두 전시할 수 없을 만큼 많습니다. 어떤 매개체보다도 방송의 힘을 다시 한 번 실감할 수 있는 공간입니다.

● 기독교 문화를 위한 노력을 담은 공간

수많은 전파선교사들의 노력이 빛나다

한편 방송선교역사관은 이렇게 멈추지 않고 복음의 전파를 송신할 수 있었던 데는 함께 이 사역을 후원하며 동역하고 있는 전파선교사들의 노력이 있었음을 이야기해줍니다. 극동방송은 복음의 불모지이자 방송의 불모지인 이 땅에 방송에 필요한 중고 장비들을 자비로 배에 실어와 설치하고, 송신탑을 만들다가 많은 분들이 사고를 당하기도 하는 등 어려운 과정을 거쳐 시작되었습니다. 하지만 그런 위기마다 모금방송을 통해서 후원하고 동역해준 전파선교사들 덕분에 늘 넉넉하게 방송을 진행할 수 있었음을 이곳은 기록하고 있습니다.

편지들이 전시되어 있는 공간을 지나면 역사관에서 가장 어두운 공간으로 들어가게 됩니다. 전시장의 큰 영역들이 화이트 톤으로 심플하게 디자인되어 있어서 이곳이 더욱 어둡게 다가옵니다. 입구에서 보면 멀리 끝에 있는 벽면에 다니엘서 12장 3절의 말씀이 불빛에 비쳐 보입니다.

> 많은 사람을 옳은 데로 돌아오게 한 자는 별과 같이 영원토록 빛나리라. (다니엘서 12:3)

이 말씀은 전파선교사들뿐만 아니라 방송 선교를 위해서 헌신하고 동참했던 이들을 격려하고, 이 공간을 방문한 이들에게도 함께 이 길을 걸어가자는 메시지입니다. 이 메시지를 읽으면서 공간 안으로 들어가면 천장에 온통 별들이 떠 있습니다. 벽면들의 위쪽도 거울로 시공되어 있어서 마치 하늘 가득 별이 빛나는 듯한 공간이 연출됩니다. 그런데 그 별들을 자세히 보면 별 모양이 아니라 사람의 이름이 빛나고 있다는 것을 알 수 있습니다. 더 놀라운 것은 그중에서 자신의 이름을 찾을 수 있다는 것입니다. 앞서 방명록에 적었던 이름이 이 공간에 투영되어 빛나게 만든 프로그램입니다. 밤하늘의 별처럼, 복음을 전한 자들을 영원토록 빛나게 하실 하나님을 의지하며 예배합니다.

영화로 보면 클라이맥스와 같이 전시공간에 있어서 가장 차별되는 영역을 킬링 콘텐츠라고 합니다. 킬링 콘텐츠를 어느 부분에 배치하는

● 천장에 이름이 별처럼 빛나게 만든 방

지는 공간을 디자인하고 스토리를 구현하는 데 있어서 매우 중요한 부분입니다. 극동방송역사관의 킬링 콘텐츠는 바로 이곳입니다. 단을 오른 후 공간의 반환점 부분에 자리 잡고 있으며 방송 선교의 역사와 가치를 공유하는, 공간의 하이라이트입니다.

이 공간을 지나서 나오면 다시 화이트 톤의 심플한 공간에 스튜디오가 세팅되어 있습니다. 극동방송은 통일 후에 평양에 방송국을 세울 비전을 선포합니다. 그날에 평양에서 함께 일할 사역자들을 미리 초청하고 있습니다.

삶을 통한 예배를 전하는 전시관

스튜디오를 지나 내려오면 현재의 극동방송을 소개하는 공간입니다. 전국 지사, 전 세계의 극동방송국, 운영이사회 등으로 자세히 나누어 소개하고 있는데, 그중에서 눈에 띄는 것은 어린이합창단 소개입니다. 피규어로 제작된 어린이들이 지사별 어린이합창단의 단복을 입고 있습니다. 다양한 단복을 한눈에 볼 수 있기도 하고 공연실황도 함께 방영되어서, 어느 지사의 합창단이 어떤 활동들을 하는지 알 수 있습니다.

이제 방송선교역사관의 마지막 공간입니다. 이곳의 벽은 보라색으로 칠해져 있습니다. 보라색은 제사장을 상징하는 색이면서 존엄성,

고귀함을 의미하는 색이기도 합니다. 예배의 의미로 이곳에 보라색을 가져왔습니다.

벽에는 세 개의 이야기로 나누어져 사진이 전시되어 있는데, 첫 번째 이야기의 사진들은 칼 파워스 씨와 김장환 목사님이 만났을 때의 사진입니다. 군인으로 6.25 전쟁에 참여했던 칼 파워스 씨는 군대 안에서 하우스보이를 하던 김장환 어린이를 만나고, 그를 미국으로 데려가 공부시키기로 마음먹습니다.

두 번째 이야기의 사진은 김장환 목사님이 칼 파워스 씨의 도움으로 공부를 마치고 목사가 된 뒤, 그에게 복음을 전하고 강가에서 세례를 해주는 사진과 칼 파워스 씨가 천국에 간 후 환송 예배를 드리는 사진입니다. 칼 파워스 씨를 통해서 김장환 목사님이 어떤 사람으로 성장하고 하나님께 쓰임 받게 되었는지 보여주고 있습니다.

마지막 세 번째의 사진은 어린이들과 함께하고 있는 김장환 목사님의 사진입니다. 칼 파워스 씨의 헌신을 이어받아 김장환 목사님이 또 다른 어린이들에게 헌신하고, 그들을 양육하는 삶을 소개하고 있습니다. 아래에 있는 모니터에서는 김장환 목사님이 칼 파워스 씨의 정신을 이어가기 위해 만든 칼 파워스 장학사업과 그 장학생들을 소개하고 있습니다.

이 사진들은 삶을 통한 예배가 무엇인지를 이야기해줍니다. 60년간 이 땅에서 치열하게 복음을 전하고 있는 극동방송의 정신과 철학을 사진으로 담백하게 정리하고 있습니다.

이 방송선교역사관은 개관 후 월 1,000여 명 이상의 방문객이 찾았고, 지난 3년간 5만여 명이 방명록에 이름을 남겼습니다. 이곳을 방문한 이들은 선교의 동역자로 극동방송의 팬이 되어, 하나님이 별과 같이 빛나게 하실 것을 기대하며 함께 걸어가게 될 것입니다. 한 걸음 한 걸음 같이 걸으며 다른 사람에게 삶으로 하나님을 전하는 것이 진정한 예배이기 때문입니다.

● 현재의 사역을 소개하는 공간

성장

복음의 씨앗을 노래하다

큰숲드림교회

달란트를 발견하고 확신하다

주위 사람들이 저에게 가장 많이 물어보는 질문 중 하나는 디자이너로서의 달란트를 어떻게 발견했고 확신했는가에 대한 질문입니다. 자신의 달란트인지 아닌지를 어떻게 알 수 있는가에 대한 질문부터 어떻게 발견할 수 있는지 같이 구체적인 질문들입니다.

달란트에 대해 저 또한 누구보다도 많은 시간을 고민하며 찾기 위해 노력해왔기 때문에 저에게 달란트에 대한 질문이 들어오면 어떤 질문보다도 저의 고민의 결과를 전해주려고 노력합니다.

달란트는 세 가지 요소를 가지고 있습니다.

우선 달란트는 자신이 좋아하고 흥미 있는 일 중에 있을 확률이 가장 높습니다. 아무리 좋은 일이고 멋있는 일일지라도 자신이 재미를 못 느끼고 부담이 되는 일이라면 그것은 자신의 달란트라고 생각되지 않습니다. 물론 좋아하는 개념이 어려울 때도 있지만 육체적으로 때로는 정신적으로 어렵더라도 보람이 되고 감사가 된다면 그것은 좋아하는 일이라고 판단할 수 있습니다

그다음에 달란트의 중요한 판단은 잘해야 된다는 것입니다. 아무리 좋아하더라도 탁월하지 못한다면 그것은 아쉽지만 달란트라기보다는 취미나 흥미의 범위라고 할 수 있습니다.

좋아하면서 잘하는 것을 찾는다는 것이 어쩌면 우리 인생의 숙제라고 생각됩니다. 그렇기에 되도록 많은 경험을 하면서 자신이 어떤 사람인지를 발견해가는 것이 가장 중요하며 그 경험을 선물하는 공간의 역할도 한몫을 하고 있습니다.

좋아하는데 잘하는 것만으로는 달란트라고 하기에는 부족함이 있습니다. 달란트의 완성이 되려면 좋아하고 잘하는 일이 하나님께 영광이 되는가입니다. 잘하고 좋아하는 일이 인간의 삶에 부정적인 결과를 만들거나 자신만을 위한 일이라면 그것이 자신의 달란트인가를 다시 한 번 생각해보아야 될 것 같습니다.

20여 년의 시간 동안 공간에 스토리를 담는 작업을 진행해오면서 돌아보니 처음 디자인을 시작하면서 막연하게 꿈꾸었던 디자이너의 삶을 이루며 살아가고 있음을 고백할 수 있습니다.

딸의 유치원비가 없어서 미래에 대한 불안감이 엄습했던 시간에 하나님을 향해 꿈꾸었던 기도 제목들이 이루어졌던 것처럼, 디자이너로서의 출발을 하면서도 두려움과 막막함 속에서 꿈꾸었던 디자이너의 모습이 이루어져가고 있습니다.

그 당시 꿈꾸었던 디자이너의 모습 중 하나는 제 작업의 정체성을 유지할 수 있도록 입찰이나 경쟁 피티를 통해서 작업을 수주하는 일이 없이 온전히 고객의 초청과 수의계약을 통해서만 디자인 작업을 진행하는 것이었습니다. 대부분의 영향력 있는 디자이너들이 이렇게 진행하고 있지만 디자이너의 길을 시작하는 20여 년 전에 꿈을 꿀 때는 너무도 막연하게만 다가오는 생각이었습니다. 작가는 작품으로 이야기해야 했기 때문에 당연한 모습일 수 있지만 오로지 초청과 수의계약만을 통해서 작업을 한다는 것은 한국의 현실에서는 쉽지 않은 환경이었습니다.

확신이 있어야 했습니다. 내 안에 달란트와 열정이 있음을 확신하고 그 확신을 스스로 신뢰하며 그것들이 발휘될 때 사람들이 감동하고 나를 찾을 것이라는 확신이었습니다. 그 확신이 지금의 저를 있게 했고, 저의 동역자들이 있게 하는 기초가 되었습니다. 이 건축물 또한 건축위원회들과 초청과 수의계약을 통해서 진행되었습니다.

이 교회 건축도 저의 다른 작업들과 동일하게 앞으로 교회가 건축되어질 허허벌판에 서서 두세 시간을 묵상하며 그 땅을 지나가는 바람의 흐름과 감성을 느끼는 일로 작업을 시작하였습니다.

● 첫 방문했을 때 현장 부지 모습, 안산과 군포의 경계에 있는 군포 송정지구 초입에 위치하고 있다.

●● 주변 주택단지를 걸으며 보이는 큰숲드림교회의 외관, 주변 자연 풍경과 잘 어우러진다.

모든 공간을 아우르는 공통의 키워드

큰숲드림교회는 복음의 비밀인 성장을 노래하고 있습니다. 복음의 씨앗이 자라나서 나무가 되고 숲을 이루고 큰 숲이 되어서 또 다른 숲의 씨앗이 되는 성장을 상징적으로 쉽게 표현하기 위해서 사선을 활용하여 건물을 디자인하였습니다. 과감한 사선의 사용은 큰숲이 내포하고 있는 철학과 교회가 세워지게 된 의미를 건물 자체에 담고자 하는 의지이기도 했습니다.

사선으로 구현된 건물은 숲이 자라나듯 건물을 감싸고 있는 두 가지 재료가 뒤엉켜서 있는 듯한 모양을 취하고 있습니다. 또한 작은 블록들은 마치 나무의 나이테 같은 형상으로 자라남을 시각적으로 보여주고 있습니다. 이를 실제적으로 구현하기 위하여 사선을 활용한 외관 디자인과 구조 검토 등 수차례의 외관 스터디를 통해 콘셉트에 접근했습니다.

모든 공간이 동일하지만, 교회공간 디자인을 하는 데 빠질 수 없는 핵심은 사람들이 찾아오고 오래 머무르는 공간을 제공해주는 것입니다. 특별히 교회는 주일과 주중의 두 가지 콘셉트의 공간 활용에 대한 노하우가 필요합니다.

주일에 예배와 성경공부, 교제를 위해 사용되는 교회공간과 주중에 지역사회를 위해 활용되는 공간의 활용과 동선이 서로 다르기 때문입니다. 그것에 대한 안목과 노하우가 교회공간을 완성해가는 핵심이라고 해도 과언이 아닙니다.

고객들은 저에게 그동안 제가 디자인한 공간들처럼 자신의 공간에도 사람들이 많이 올 수 있게 하는 공간으로 완성해달라는 요청을 하고 있습니다. 그만큼 사람들이 모이게 하는 것이 교회공간은 물론 상업공간이든 공공공간이든 현시대의 핵심 사항이기도 합니다.

그렇기에 저에게 디자인을 의뢰하는 많은 사람들은 어떻게 디자인을 하기에 사람들이 찾아오는 공간이 되는지 궁금해합니다. 그런 공간을 디자인하는 데 구현하는 공식이 있는지, 어떤 특별한 요소를 가미하는지도 물어봅니다. 많은 사람들이 가성비만 좋게 건축한다고 해서 영향력 있는 공간이 될 수 없다는 것을 인지하고 경험했기 때문입니다.

돌아보면 그동안의 다양한 공간과 사이즈, 기능의 다름에도 모든 공간을 아우르는 공통적인 키워드가 내재되어 있음을 묵상하게 됩니다.

스토리와 기능 두 가지를 담다

외부를 수평적인 사선을 활용하여 디자인했다면 내부는 수직적인 사선을 활용하여 공간이 완성되어 있습니다. 외형적인 성장을 노래했다면 속사람의 성장을 노래하고 있습니다. 예배당은 수직적인 사선을 통해 성장과 숲의 형상을 기하학적으로 잘 표현한 공간입니다. 복음의 씨앗이 뿌려지고 그 씨앗을 통해 나무가 자라나고 숲이 이루어져가는 것을 외형 디자인과 동일하게 예배당에서도 이야기하고 있습니다.

이 건축은 스토리와 기능 두 가지를 다 겸비한 명실상부한 교회공간의 완성본입니다.

기능적으로는 공간 활용에 좋은 본이 되고 있습니다. 200여 평의 건축 면적이지만 실제적으로 300여 평이 넘는 공간 활용이 가능하도록 디자인되었습니다. 실제로 교회를 방문한 이들이 공간의 규모에 놀라며 실건축 면적이 200여 평이라고 소개하면 놀라움을 금치 않습니다. 교회의 특성상 주일날에 공간 효율이 극대화되어야 하는 명제를 가지고 있습니다. 더더욱 중소형교회에게 공간 효율의 극대화는 최고의 과제로 다가옵니다.

공간을 실제적으로 100여 평 더 활용할 수 있는 건축을 위해서 우리가 흔히 알고 있는 중정 공간을 차용하여 교회를 구획하였습니다. 중정 공간이 위치한 곳은 교회의 라운지가 되고 쉼터가 되고 삼삼오오 모여서 모임을 할 수 있는 소그룹 장소로도 활용되는 광장과 같은 기능을 가지고 있습니다.

공간의 동선 또한 주중 활용과 주말 활용을 염두에 두고 철저한 공간 배치를 이루고 있습니다. 중정을 사이에 두고 사무동과 커뮤니티동으로 분리하여 공간의 활용과 에너지 효율성을 극대화하게 구현되어 있습니다. 사무동은 교회의 행정이 이루어지는 공간으로 목양실과 교회사무실 그리고 회의실로 구획되어 있다가 주일에는 유아예배실로도 활용되는 공간입니다.

커뮤니티 동은 지역 주민들과 소통을 목적으로 구성된 공간입니다. 카페와 여러 형태의 소모임으로 활용할 수 있도록 개방적인 구조로 구현되어 있으며 좀 더 안쪽에는 대형 거울벽과 음향시스템이 구축되어 있어서 청소년들이 마음껏 노래하고 춤출 수 있는 공간으로 지역 청소년들의 아지트가 될 것입니다. 부모와 자녀가 함께 머무르고 찾아올 수 있도록 넓은 시야와 안정감 있는 놀이공간을 확보하였습니다.

하나님이 인도하시는 일은 사람이 생각지 못하는 기가 막힌 타이밍과 우연 같은 연속성으로 진행됩니다. 내 능력이 아니라 하나님의 은혜로 일을 할 수 있다는 고백을 하게끔 하는 하나님의 방식인 것 같습니다. 앞서 행하시는 하나님을 이 시간 찬양합니다.

큰숲드림교회는 '어떻게 하면 성도들에게 더 좋은 공간이 될 수 있을까?', '어떻게 하면 지역사회와 공간을 공유하며 함께할 수 있을까?', '어떻게 하면 다음 세대들이 교회 안에서 뛰어놀며 자유로운 공간이 될 수 있을까?'를 1년간 교회 근처에 숙소를 정해 새벽과 밤을 살면서 묵상하고 고민한 흔적들의 기록입니다. 하나님의 은혜로 살아가는 저이기에 그 은혜가 저의 삶과 작업을 통해 흘러넘쳐서 이 땅에 꽃피우기를 소망합니다.

공간별로 담겨진 노력의 흔적들을 짚어가며 더 풍성하게 건물과 공간을 해석할 수 있는 시야가 공유되어서 이 땅에 또 다른 교회가 세워지고 성장해가는 데 작은 도움이 되길 기대합니다.

● 예배당으로 향하는 로비 모습. 천장에 큰 원형 조명으로 공간이 높고 넓어 보이게 하는 효과를 주었다.

● 예배당 벽면의 수직적인 사선은 한 그루의 나무와 같은 형상으로, 성장하는 나무들이 모여 숲을 이루고 있음을 기하학적으로 표현하였다.

●● 다목적실 모습. 카페처럼 쉴 수 있도록 편안한 가구들로 채워 사람들이 머물 수 있도록 했다.

● 밤에도 조형성을 가지고 교회의 메시지를 전하고 있다.

●● 내부로 쉽게 들어갈 수 있도록 열려 있는 교회의 입구

기록

과거와 현재

금산교회

교회공간에 대한 고민으로 시작된 전국 교회 탐방

제가 교회공간 디자인을 시작한 후 얼마 되지 않아서 감사하게도 제 작품과 이야기가 교회의 언론들과 많은 목회자들에게 전해졌습니다. 그 덕분에 제 작품과 삶은 많은 지지와 박수를 받았고, 지금까지 10여 년간 꾸준히 디자이너로서 과분한 인정을 받으며 살고 있습니다. 처음에는 그저 기쁘기만 했습니다. 그런데 시간이 지나면서 교회공간과 문화를 디자인하는 사람으로서 거룩한 부담이 생기기 시작했습니다. 또 현재 우리나라의 교회공간이 어떻기에,

제가 이렇게 좋은 평가를 받고 있는지 궁금해지기 시작했습니다. 그러다 한국 교회들의 역사와 현재를 제대로 정리해보고 싶다는 생각이 들어, 이후 몇 달 동안 전국의 교회와 역사기념공간의 목록을 만들고 탐방을 다니기 시작했습니다.

리서치와 자료를 통해서 좋다고 소문난 교회, 역사가 잘 정리되어 있다고 전해지는 교회, 성장을 이루었다는 교회 등을 찾아, 온전히 한 명의 성도로 지금의 교회공간을 바라보고 분석하며 정리하고자 전국 방방곡곡을 누볐습니다. 그 기간에 이 땅에 복음을 꽃피우고자 한 값진 순교와 희생의 역사를 만나고 가슴이 먹먹해져 울기도 하고, 그들의 신앙을 가슴에 같이 새기고 싶어 결단의 기도를 드리며 잊지 않기 위해 기록도 하게 되었습니다. 그리고 어쩌면 그것이 제 디자인의 출발점이 되었을지도 모르겠습니다. 그때 믿음의 선배들이 있었기에 지금의 제가 이렇게 편안하게 하나님을 찬양하고 복음의 터전에서 마음껏 살아가고 있구나 하는 것을 깨닫고 기도하며 살아가고 있습니다.

공간은 시간을 간직한다는 것을 깨닫게 해준 금산교회

그때 만났던 교회 중 하나가 금산교회입니다. 전라북도 김제시에 있는 이 교회는 교회의 건물이 ㄱ자 형태이기 때문에 'ㄱ자 교회'라는 이름으로 더 유명하기도 합니다.

김제시는 군산과 전주 바로 아래에 위치하고 있으며, 아래로는 담양과 내장산이 자리 잡고 있는, 전라북도의 맛과 멋을 이어주는 아름다운 도시입니다. 전주, 군산 지역과 금산교회를 중심으로 담양, 광주까지 코스로 동선을 잡아 여행하면 전라도의 풍성함을 경험할 수 있습니다.

이 교회의 건물이 ㄱ자가 된 것은 건축 당시의 문화와 시대상에 따른 결과입니다. 가운데 강대상이 있고 한쪽에는 남성들이 앉고, 다른 한쪽에는 여성들이 앉아서 예배를 드릴 수 있게 설계하다 보니 ㄱ자가 된 것이지요. 교회가 세워진 조선시대에는 남녀칠세부동석이 당연하던 문화였습니다. 그래서 어떻게 해야 남녀노소가 같이 모여서 예배를 드릴 수 있을지 고민하다가 해결책을 찾은 공간 구조가 바로 ㄱ자 모양의 예배당이었던 것입니다. 당시에 목사님은 남자 쪽을 바라보고 설

● 금산교회 전경

교를 했다고 합니다. 물론 출입구도 따로였지요.

구조를 보면 남자들이 앉는 자리가 좀 더 길기에 왜 그런지 질문했더니 당시 남자들은 상대적으로 바깥출입이 여자들보다 많았으므로 남성들에게 전도가 더 많이 이루어졌고, 그에 따라 교회에도 남자들이 더 많이 출석했기에 더 긴 공간을 가지게 되었다는 대답이었습니다.

금산교회는 단층 건물이지만 나무를 깎아 나무와 나무를 이어 세우는 건축 기법을 사용했습니다. 이것은 건물의 기준이 되는 대들보

● 대들보에 적혀 있는 성경 말씀

를 먼저 연결하고 대들보와 대들보 사이의 영역들을 각재로 연결해서 틀을 세우는 방법인데, 당시에는 나무 재단기가 없었기에 모든 나무를 직접 깎고 다듬었으리라 생각됩니다. 또 나무와 나무를 못으로 연결하는 것이 아니라 나무에 틈을 내어서 나무끼리 끼워 붙이는 이음새 맞춤법을 사용했는데, 그처럼 서양식 건축 공법을 바탕으로 한 것이 독특하게 다가옵니다. 당시로서는 지역뿐만 아니라 우리나라 전체를 보아도 시대를 앞선 건축물이었을 것입니다.

대들보에 붓으로 써놓은 글씨를 보면 공간의 영성이 물씬 느껴집니다. 남성들이 앉는 예배당의 대들보에는 한문으로 "만일 땅에 있는 우리의 장막 집이 무너지면…"(고린도후서 5: 1~6)이라는 말씀이 적혀 있으며, 여성들이 앉는 예배당의 대들보에는 한글로 "너희는 너희가 하나님의 성전인 것과…"(고린도전서 3: 16~17)라는 말씀이 붓글씨로 적혀 있는데, 이 글씨들은 아직도 잘 보존되어 있습니다.

건물을 이어서 맞췄기 때문에 예배당 안으로 들어가면 걸을 때 삐그덕삐그덕 하는 소리가 더 크게 들리는데, 발을 옮길 때마다 들리는 그 소리를 듣다가 천장으로 눈을 돌리면 중간의 축이 되는 대들보에 당시 사람들이 건축을 완성하고 환한 웃음과 기대에 찬 설렘으로 한 글자 한 글자 적었을 신앙의 고백이 눈에 들어와 발을 멈추게 됩니다. 그리고 삐그덕 소리가 멈춘 그 적막함 속에 100여 년 전에 기도하며 찬양했던 영성들과 믿음의 선배들의 눈물이 마음을 두드립니다.

특이한 모양의 건축물이라는 소개에 그저 호기심으로 찾았던 금산교회는 건물에 담긴 옛 선배들의 영성에 숙연하고 부끄러운 마음이 들

● 금산교회 내부 모습. 강단을 중심으로 나뉘어져 한쪽은 여성들이, 다른 쪽은 남성들이 앉는 구조이다.

게 했습니다. 그 시대의 성도들에 비하면 나는 정말 편하게 교회를 다니고 하나님을 믿고 있구나 하는 자각이 들었습니다. 서로 다른 신분과 계급이 존재하던 시대, 교회를 다닌다는 이유로 핍박당하고 예배조차 쉽게 드릴 수 없었던 시대에 그들은 어떤 열정과 확신으로 이 예배당을 찾아와 찬양하며 예배했을까요? 나라의 정세가 지금과는 비교가 안 될 만큼 어수선하고 급박했을 텐데 그들은 이 땅을 위해서 어떻게 기도했을까요? 지금의 우리처럼 오직 자신만 잘살겠다고 부귀영화나 명예를 위해 기도하기보다는 예수님이 초대하시는 천국에 대한 소망을 품고 하나님을 마음껏 찬양하고 전할 수 있는 나라가 될 수 있도록 기도했을 것입니다. 그들의 신앙이 이 교회를 통해서 현재의 제게 고스란히 전달되었습니다. 공간은 시간을 간직한다는 것을 느끼고 경험할 수 있게 해준 금산교회를 만난 것은 저에게 큰 선물이었습니다.

한국의 요나단과 다윗,
조덕삼 장로님과 이자익 목사님 이야기

저는 조금만 환경이 어려워지고 의도치 않은 상황을 맞이하기만 하면 하나님을 탓하고, 원망의 마음으로 하나님을 위해서 사는 제가 왜 이런 힘든 상황이 되는지 투정하지만, 불과 100년 전에 이 시골의 작은 예배당에 모인 이들은 그저 하나님을 믿을 수 있다는 자체만으로 행복해하고, 한 명이라도 더 하나님을 만날 수 있도록 목숨을 걸고 전도하며 살아갔을 것입니다. 금산교회를 방문하고, 그들과 동일한 하나님을 믿으면서도 동일한 하나님의 능력을 기대하지 못하고 내 안위만을 걱정하는 이기적인 사람으로 살고 있는 스스로를 돌아볼 수 있었습니다.

예배당에서 나왔을 때, 들어가면서 그저 지나쳤던 종탑이 눈에 들어왔습니다. 따스한 햇살이 100년 넘게 자리를 지키고 있는 종탑을 지나서 땅에 그림자를 드리우고 있었습니다. 그 모습을 보니 아직도 이 땅을 사랑하시고 이곳을 바라보고 계시는 하나님의 마음을 느낄 수 있었습니다.

금산교회는 조덕삼 장로님과 이자익 목사님의 스토리를 소개하고 있습니다. 금산교회에 담겨 있는 이 두 분의 이야기는 어떤 영화보다도 아름답게 가슴으로 다가옵니다. 개인적으로는 한국판 다윗과 요나단이라고 소개하고 싶습니다.

이자익 목사님은 우리나라에서 유일하게 장로교 총회장을 세 번 맡으실 정도로 한국 영적 역사에도 큰 발자국을 남긴 목사님이시지만 이곳 금산교회의 2대 목사님이시기도 합니다. 이자익 목사님을 소개할 때는 조덕삼 장로님의 이야기가 같이 나옵니다. 금산교회는 테이트 선교사가 1905년에 세웠으며, 지금의 교회 건물은 1908년에 지어졌습니다. 테이트 선교사는 금산교회를 세우고 김제지역에 와서 전도하게 되는데, 이때 당시 동네에서 최고의 유지였던 조덕삼 장로님이 테이트 선교사를 만나고 하나님을 영접하게 됩니다. 조덕삼 장로님은 하나님을 영접한 후 아들과 머슴에게도 하나님을 전하고, 나아가 아들과 머슴을 평양신학교에 보내 신학을 공부시킵니다.

여기서 더 놀라운 것은 조덕삼 장로님은 자신이 신학교에 보내어 가르친 머슴이 공부를 마치고 목사님이 되자, 다시 자기가 다니던 금산교회의 목사님으로 초빙하여 섬기게 되었다는 것입니다. 그렇게 머슴이었다가 목사님이 되어 금산교회로 돌아오신 분이 바로 이자익 목사님입니다.

이처럼 하나님을 향한 조덕삼 장로님의 삶과 헌신은 당시로서는 상상도 하기 힘든, 너무도 과감한 믿음의 삶이었습니다. 지금까지도 금산교회와 함께 귀하게 기록되어 기념되고 있는 스토리입니다. 요나단이 다윗을 축복하고 세워준 것과 너무도 많은 부분이 겹쳐 보입니다.

자신의 머슴을 전도하고 신학대학교를 보낸 뒤 다시 목사님으로 섬길 수 있었던 것은 하나님을 진심으로 사랑했기에 가능했던 일입니다. 하나님을 사랑하면 이 땅의 통념이나 한계는 아무런 제약이 되지 않는다는 것을 깨닫게 해줍니다. 그리고 우리는 그 조덕삼 장로님과 이자익 목사님이 섬겼던 하나님을 동일하게 예배하고 있습니다.

하나님이 기뻐하시는 제사

우리가 인생을 통해서 어떤 일을 해냈는지는 중요합니다. 그러나 어떤 이들을 섬기고 세웠는지가 더 큰 가치입니다. 조덕삼 장로님은 하나님을 믿고 자신의 재산을 들여 교회를 세웠지만, 더 큰 가치는 자신의 머슴이었던 사람을 가르치고 누구보다도 그를 응원하며 마침내 섬길 수 있었다는 것입니다. 그가 세워갔던 삶은 그가 해낸 어떤 일보다도 가장 값진 유산으로 지금까지 전해지고 있습니다.

> 오직 선을 행함과 서로 나누어 주기를 잊지 말라 하나님은 이 같은 제사를 기뻐하시느니라. (히브리서 13:16)

오늘도 저와 일터에서 같이 일하고 있는 동료들이 삶 속에서 선을 행하며 서로 나누고 섬기기를 소망합니다. 어떤 디자인을 했고, 그것을 통해 어떤 영향력을 끼쳤는지보다 그 과정과 시간 속에서 하나님이 기뻐하시는 제사가 되었기를 기도하며 나아갑니다.

저는 회사를 시작하면서 함께 일하는 동역자들을 위해 할 수 있는 일을 고민하다가, 5년차가 지나면 2주일간의 리프레시 휴가를 갖기로 했습니다. 리프레시 유급휴가는 2주이지만 그해의 여름휴가와 합치면 3주간의 휴식을 가질 수 있습니다. 이것은 보상이라기보다 동료에게 감사하는 제 마음을 전하는 방법이기도 합니다.

제가 회사를 시작하기로 결정하면서 하나님께 기도로 세웠던 세 가지 비전 중 하나는 선교사를 파송하는 회사가 되게 해달라는 것이었습니다. 필드 사역자를 꿈꾸었지만 이루지 못했던 아쉬움과 함께, 단 하루를 보내더라도 선교사를 보낼 수 있는 회사가 된다면 최고의 회사가 아닐까 생각했기 때문입니다. 그래서 회사 이름으로 선교사님들을 후원하고, 전 직원이 선교지로 미술캠프를 다녀오는 등 여러 방법으로 고민하면서, 제가 꿈꾸었던 비전을 하나님께서 하나씩 이루어주심을 감사하며 살고 있습니다.

더욱 감사했던 것은 지금까지 리프레시 휴가를 받았던 디자이너 두 명이 모두 그 기간 동안 선교지로 향했던 일입니다. 이것만으로도 제가 회사를 시작한 이유와 목적을 이루었다는 생각이 들기도 합니다. 더 많은 매출, 더 많은 명성보다는 더 많은 동역자들을 선교지에 보내 하나님을 전하고, 많은 이들이 하나님의 제자로 변화하기를 소망합니다. 100여 년 전에 이 땅에서 선배 성도들이 그랬듯이 저 또한 그저 하나님의 계획 안에서 행하는 사람으로 살아가려 합니다.

비전

역사가 미래다

광림교회

다양한 문화공간을 갖춘 광림교회

광림교회는 서울 가로수길에서 한 블록 정도 떨어진 곳에 위치하고 있습니다. 지리적으로 강남의 대표적인 문화거리와 인접하고 있는 것입니다. 그 때문은 아니겠지만 광림교회는 대형교회 중에서도 문화적인 다양성을 가장 잘 갖추고 있는 교회로 자리 잡고 있습니다. 대형교회답게 본당의 규모도 크지만, 무엇보다도 한국에서 손꼽히는 문화공간인 장천홀이 교회 내에 있습니다. 장천홀은 클래식 공연장으로서 많은 음악가들에게 사랑받고 있는 공간입니다.

그런 광림교회에서 창립 60주년을 기념으로 새로운 건물을 건축하였습니다. 카페와 도서관, 예식장, 유치원 등은 물론 뮤지컬 극장까지 배치하여 지역사회에 다양한 문화를 제공하는 공간으로 완성되었습니다. 60주년을 맞이하여 지어진 이 건물은 사회봉사관이라 불리며 문화적으로 사람들에게 다가가려는 교회의 의지를 표현하고 있습니다. 이곳의 뮤지컬 극장은 규모나 시설 면에서도 우수하여, 양질의 작품들을 유치하며 좋은 콘텐츠를 제공하고 있습니다.

순차적 전시 기법을 도입한 헤리티지홀

이렇게 최고의 시설로 종합적인 문화공간을 지향하는 이곳에는 광림교회의 60년 역사가 정리되어 있는 헤리티지홀이 자리 잡고 있습니다. 헤리티지홀은 광림교회의 역사관으로, 지난 60년간 하나님이 사용하신 광림교회의 철학을 아우르는 심장과 같은 공간이라 할 수 있습니다.

헤리티지홀은 가장 기본적이면서 효과적인 전시 기법인 순차적 전시기법으로 구현되었습니다. 순차적 전시 기법은 역사를 시간 순으로 전시하는 전시 방법으로서, 관람객이 전시장을 이동하면서 시대의 흐름에 따라 전시물을 관람할 수 있도록 한 것입니다. 지난 60년의 역사를 순차적으로 전시하고, 마지막 영역에서는 앞으로 다가올 비전을 담았습니다. 이곳을 관람하는 이들이 광림교회의 시작에서부터 현재까지의 역사는 물론 비전까지 쉽게 이해하고 공유할 수 있도록 교육적인 공간을 지향하고 있습니다.

헤리티지홀에 들어서면 우선 빨간색과 흰색으로 칠해진 철판들이 눈에 들어옵니다. 이 철판들은 조형물처럼 벽에 전시되어 있지만 가까이 가서 보면 한 조각마다 광림교회의 연도별 구호가 적혀 있습니다. 60년간 어떤 방향성을 가지고 교회가 성장해왔는지 단적으로 보여주는 구조물이자 교회의 철학을 소개하는 공간이기도 합니다. 전체적으로 바라보면 불이 타오르는 듯한 모습이지만, 하나하나 자세히 보면 해마다 광림교회가 목표로 두고 진행해온 주제어가 적혀 있어서 60년의 역동성을 담아내고 있습니다.

● 60년간의 교회 표어를 소개하는 조형물

본격적으로 빨간 벽돌로 구현되어 있는 골목으로 들어서면 감리교의 역사와 한국 교회의 시작이 짧게 정리되어 있습니다. 간략하게 정리되어 있지만 한국교회의 역사 속에서 광림교회가 어떻게 태동되었고 어떻게 발전해왔는지 한눈에 쉽게 이해하며 관람할 수 있습니다.

이제 커다란 돌 벽에 사진으로 이루어진 타임라인 전시공간에 들어서게 됩니다. 이 공간에서 재미 있는 부분은 중간중간에 사진과 함께 당시의 오브제들이 같이 전시되어 있고, 모니터를 이용하여 많은 사진자료와 영상자료를 관람할 수 있도록 배려되어 있는 것입니다. 지속적으로 사진과 영상을 담아낼 수 있도록 확장성을 고려하여 전시한 것도 특징입니다.

● 타임라인 전시공간

60년간의 사역을 정리한 공간

그렇게 타임라인 공간을 지나면 과거 60년의 사역을 다섯 가지 키워드로 나누어 오브제와 사진으로 전시된 공간이 나옵니다. 순차적 전시 방법에서 자칫 지루해질 수 있는 부분이지만, 광림교회가 지향해온 사역들을 심플하게 나누어 정리해서 쉽게 이해하며 역사를 알아갈 수 있도록 했습니다. 이 전시공간 옆에는 광림교회 설립자인 김선도 목사님을 소개하는 공간도 마련되어 있습니다. 김 목사님의 어린 시절에 대한 이야기와 목사로서의 헌신, 광림

● 김선도 목사님을 소개하는 공간

교회를 이끌어온 그의 삶을 바라보며 하나님이 사용하신 그의 인생을 알아갈 수 있는 공간입니다.

이 공간들을 지나면 작은 광장이 나오는데 이 공간도 헤리티지홀에서 매력적으로 다가오는 곳입니다. 무대가 있고, 커다란 화면을 통해 찬양하고 예배하는 영상이 상영됩니다. 마치 무대에서 실제로 예배드리는 듯한 생동감이 연출되고 있습니다.

또 이 공간의 매력은 이 무대를 둘러싸고 있는 대형 모니터들에서 나옵니다. 예배 실황이 전면의 스크린을 통해 방영되는 동시에 좌우 영역에 기둥처럼 서 있는 대형 모니터를 통해 어린아이부터 선교사들까지, 광림교회 성도들의 간증과 그들의 삶이 보여집니다. 다양한 각도에서 다양한 초점으로 성도들의 간증과 예배가 동시에 구현되는 이 공간에서, 이 시간에도 광림교회를 통해 진행되고 있는 하나님의 사업을 입체적으로 느낄 수 있습니다. 한 사람, 또는 한 세대만을 사용하고 인도하시는 하나님이 아니라, 우리 모두와 다음 세대에까지 믿음의 유산이 펼쳐지기를 바라는 하나님의 마음이 함께 읽히는 매력적인 공간입니다.

디지털 모니터 광장을 지나면 다시 작은 복도가 펼쳐져서 다시 시간 여행을 떠나는 듯한 몰입감을 줍니다. 이 영역은 현재의 사역을 정리해놓은 공간인데, 왼쪽 벽에는 사역 영역을 보여주는 패널이 있고 오른쪽 벽에는 커다란 유리에 세계지도와 선교 현황이 함께 전시되어 있습니다. 60년 동안 선교를 위해 달려온 광림교회의 열매가 담겨 있는 동시에 새로운 선교의 도전을 바라보는 메시지를 담은 공간입니다.

● 현재 광림교회의 사역을 정리해놓은 영역. 복도를 통해 다시 시간 여행을 떠나는 듯한 몰입감을 준다.

특이한 것은 이 복도 가운데에는 모니터들이 길을 따라서 세워져 있다는 것입니다. 좁은 복도에 모니터가 설치되어 있기에 몰입감을 더하며, 차를 타고 가면서 전광판들이 지나는 모습을 보는 듯한 감성을 줍니다. 모니터에서는 다음 세대 아이들을 위한 교육과 간증, 선교가 상영되고 있습니다.

이렇게 한국 교회의 역사부터 시작해 60년의 타임라인과 과거, 현재의 역사를 전시한 공간이 끝나면 이제 미래를 향한 비전의 공간이 나옵니다. 비전의 공간에 도착하면 처음 헤리티지홀에 들어왔을 때 보았던 빨간 벽돌로 만들어진 집이 한 채 나옵니다. 이 집은 웨슬리의 생가를 재현해서 만든 공간입니다. 그가 살았던 집과 그의 채플실을 그대로 형상화하여 제작되었습니다.

광림교회는 헤리티지홀을 기획하면서 '역사가 미래다'라는 이야기

● 웨슬리 채플실 내부

가 담기기를 원했습니다. 60년의 역사를 통해 현재의 열매를 맺을 수 있었기에, 그리고 이 역사들이 밑거름이 되어 나아갈 때 하나님이 인도하시는 미래로 갈 수 있다는 믿음을 담고자 했던 것입니다.

웨슬리 채플실을 마련한 것은 감리교의 창시자인 웨슬리의 정신을 돌아보고, 감리교의 가치관을 깊이 있게 묵상하는 것이 미래를 준비하는 것임을 공감하였기 때문입니다. 이곳에서 웨슬리의 삶과 철학을 묵상하고 기도와 예배를 드릴 수 있습니다.

일어나라, 빛을 발하라 : 십자가를 따라 세상으로 나아가다

이제 헤리티지홀의 마지막 공간이 남아 있습니다. 이곳은 제가 가장 심혈을 기울인 공간으로, 천장과 벽은 물론 바닥까지 하얗게 마감된 이 공간은 복도 구조를 하고 있습니다. 이 복도를 걸어 나가면 전시관을 나가게 되므로 세상으로 나아간다는 의미도 함께 가지고 있습니다.

복도 끝에는 프리즘으로 만들어진 큰 벽이 보입니다. 이 프리즘 벽은 십가가 모양인데, 프리즘 뒤편에 디밍 조명이 장착되어 있어서 점점 십자가가 밝아지면서 눈이 부실 정도로 빛을 발하는 듯한 상황을 연출합니다. 프리즘을 투과해서 나오는 빛이 하얀 벽면을 사방으로 비추고, 광택이 있는 재질로 마감된 바닥에 또 다른 십자가 모습을 드리웁니다. 사방에 십자가 빛이 비치면 복도에 서 있던 관람객들은 십자가의 신비로움에 반하게 됩니다. 그리고 그 십자가 빛을 따라 걸어가면 흰색의 공간이어서 잘 보이지 않았던 성경 말씀이 같은 흰색으로 벽에 적혀 있는 것을 보게 됩니다.

이 말씀은 헤리티지홀의 스토리를 묵상하기 시작하면서 제일 마지막에 어떤 성경 말씀을 넣을까 고민하다가 설계가 완성된 뒤에야 제가 선정한 구절입니다.

"일어나라 빛을 발하라."

이것은 다음 세대를 향한 저의 고백이기도 합니다. 약 3개월 정도를 묵상하고, 콘셉트를 잡고, 디자인하고 설계하며 공사 시작 바로 전까지 고민하고 기도하여 선정했습니다. 그리고 아무것도 없는 것 같다가 마지막에 불현듯 텍스트가 보이면 극적인 효과를 발휘할 것이라는 생각에 이후 작업하는 과정에서도 특별히 언급하지 않은 채 공간이 완성되었습니다. 그렇게 헤리티지홀이 완성되고 첫 시연식 후 광림교회의 설립자인 김선도 목사님이 깜짝 놀라셨다는 연락을 받았습니다. 광림교회를 설립하고 처음으로 설교하셨던 성경 말씀이 '일어나라 빛을 발하라'였다는 것입니다. 그런데 60년의 기록이 담긴 역사관에 자신의 첫 설교 성구가 적혀 있어서 굉장히 놀라셨다면서 제가 미리 알고 있었는지, 어떤 이유로 이 성구를 택했는지를 물으셨다고 했습니다. 저는 그저 기도하면서 광림교회를 사용하신 하나님이 공간에 담기기를 노력했다고 말씀드렸습니다.

저는 그동안 김장환 목사님의 기념공간부터 김준곤 목사님, 하용조

● 복도 끝에 있는 십자가 모양의 프리즘 벽

●● 흰색의 벽에는 "일어나라 빛을 발하라"라는 성경 말씀이 적혀 있다.

목사님, 옥한흠 목사님, 김선도 목사님 등 참 많은 영적인 리더들의 이야기가 담긴 공간을 작업해왔습니다. 작은 교회부터 성도가 10만 명이 넘는 교회까지도 작업해보았고, 복도와 지하실부터 1,000여 평이 넘는 공간까지 작업해오고 있습니다. 이렇게 다양한 공간, 다양한 사람들을 만나서 작업하고 있지만 변함 없이 제가 해야 할 일은 그들이 원하는 공간이 무엇인지, 어떤 이야기를 담아야 되는지 듣는 일인 것 같습니다. 어느 목사님께서, 다른 디자이너들은 자신의 스타일대로 자신이 원하는 작업을 하려고 하지만, 정승범은 상대방의 스타일에 공감하려 하고 상대방의 이야기를 듣고 디자인하는 사람이라고 소개해주셨던 일이 있습니다.

좋은 디자이너의 개념은 사람마다 다를 수 있고 테크닉이 뛰어난 디자이너도 너무나 많지만, 진정으로 상대방이 원하는 디자인을 하는 것이 제게는 가장 큰 가치입니다. 또 교회가 복음을 전하는 일에 도구가 되는 것이 제 소망입니다. 그러기 위해서 먼저 귀를 기울여야 했고 교회를 위해 기도하며 나아가야 했습니다. 광림교회의 경우도 어쩌다 운 좋게 첫 설교의 성경 구절을 맞춘 것이 아닙니다. 광림교회를 위해 기도하며 준비할 때 하나님이 저를 통해서 그 공간에 가장 필요한 말씀을 떠오르게 하셨음을 고백합니다.

어떤 목사님들은 제가 마치 자신의 꿈을 맞춘 것처럼, 원하는 공간을 만들어주었다고 말씀하시기도 합니다. 개인적으로는 부담이 되기도 하지만, 제가 하나님이 원하시는 도구로 살아가고 있구나 하는 마음에 감사하게 됩니다.

변화

메시지 전달

온누리교회 ACTS29 비전빌리지

총신대학교에 복원된 소래교회

경기도 용인에 있는 총신대학교 신학대학원 양지캠퍼스에는 한국 최초의 자생토착교회인 소래교회가 복원되어 있습니다. 서상륜, 서경조 씨 형제가 세운 이 교회는 기록에 따르면 1885년 7월 3일 언더우드 목사님의 집례로 헌당식이 거행되었고, 서경조 씨가 초대 장로로 장립을 받아 당회를 가진 교회로 성장하였다고 합니다. 교회가 세워진 황해도 장연군 대구면 송천리는 소나무가 무성하고 샘이 솟는 마을로 우리말로는 '솔내'인데, 교회의 이름인 소래는 여기에서 유래되었다고 합니다. 소래교회는 이렇게 황해도에 세워진 교회였지만 한국 기독교 100주년을 기념하여 대한예수교장로회 황해노회에서 총신대학교 신학대학원 양지캠퍼스에 소래교회를 복원해놓은 것입니다.

소래교회를 방문하면 최권능 목사님 기념비와 서상륜 선생, 이수정 선생의 기념비를 볼 수 있으며 옛 종탑도 볼 수 있습니다. 총신대 대학원 안에 있기에 이곳을 방문하면 무엇보다도 학생들의 공부하는 소리, 찬양하는 소리가 바람을 따라 들려옵니다. 그 소리를 들으면 소래교회가 처음 세워졌을 때 목숨을 걸고 예수님을 믿었던 믿음의 선배들이 성경을 배웠을 모습이 저절로 연상되곤 합니다.

소래교회를 방문하는 이들은 대부분 근처에 있는 한국기독교순교자 기념관을 함께 방문합니다. 저는 대학생이던 1992년에 이곳을 처음 방문했는데, 그때 많은 순교자들의 기록을 보면서 적지 않은 감화를 받았던 기억이 있습니다.

사도행전 29장을 기록해가는 선교의 삶으로

한국 기독교 역사에서 이렇게 의미 있는 공간인 한국기독교순교자 기념관과 소래교회의 중간지점에 온누리교회 ACTS29 비전빌리지가 위치하고 있습니다. 이곳은 'ACTS29'의 의

미대로 사도행전 29장을 기록해가는 삶을 살아가겠노라는 선포의 의미가 담긴 공간입니다. 어찌 보면 소래교회와 순교자기념관도 우리 민족이 사도행전 29장을 살아온 삶의 흔적입니다. 그렇기에 앞으로 100년이 흐른 후에는 이곳 ACTS29 비전빌리지도 그처럼 기록되고 기념되기를 소망합니다.

ACTS29 비전빌리지에는 온누리교회 양지캠퍼스와 고 하용조 목사님의 기념관, 묘비가 함께 있습니다. 기능적으로 교회이자 기념관이면서 선교센터인 것입니다.

이렇게 여러 기능이 함께 있는 공간이지만 이곳의 가장 큰 특징은 모든 공간이 '선교'라는 메시지로 디자인되어 있다는 것입니다. 기능으로서의 온누리교회가 아니라 정신으로서의 온누리교회를 이야기하면

● 고 하용조 목사님의 비석

서, 고 하용조 목사님과 온누리교회의 선교적 삶과 역사를 담아 교회의 정체성과 선교적 비전을 경험하고 전할 수 있도록 했습니다.

저는 이 공간을 의뢰받았을 때부터 고 하용조 목사님과 교회의 철학이 담기는 공간이 되기를 원했습니다. 디자인 문의를 받은 후부터 온누리교회가 지금까지 행해왔던 많은 문화 사역과 예배, 선교 등을 나열하고 어떻게 디자인해야 가장 온누리교회다운 공간이 될지 묵상하기 시작했습니다.

온누리교회가 행하고 있고, 지금까지 해온 사역들은 너무도 많습니다. 또한 그 하나하나가 모두 한국 교계에 영향을 주지 않은 것이 없을

● 선교도서관 모습

정도로 다양하고 에너지 넘치는 것들이었습니다. 두란노서원을 중심으로 한 출판사업과 문서선교는 물론 경배와 찬양, 아버지학교, 어머니학교, 러브소나타, 나아가 CGN TV까지, 일일이 열거할 수 없을 정도로 많습니다.

너무도 다양하고 광범위한 사역으로 오히려 콘셉트를 정하지 못하고 막혀 있다가, 다시 처음부터 시작하기로 하고 하용조 목사님의 설교와 서적들을 디자이너들과 같이 읽으면서 온누리교회의 정신을 묵상하였습니다. 그리고 그 후 이어진 몇 번의 스터디를 통해 정리된 온누리교회의 정신은 마태복음 28장 19~20절의 말씀을 기초로 한 선교자의 삶이었습니다.

> 그러므로 너희는 가서 모든 민족을 제자로 삼아 아버지와 아들과 성령의 이름으로 세례를 베풀고 내가 너희에게 분부한 모든 것을 가르쳐 지키게 하라. 볼지어다 내가 세상 끝날까지 너희와 항상 함께 있으리라 하시니라. (마태복음 28:19 20)

세계 열방의 국기로 선교의 사명을 표현하다

ACTS29 비전빌리지는 온누리교회의 세계 열방을 향한 선교적 열정과 사명을 담아내는 공간입니다. 선교도서관을 중심으로 세미나 공간, 숙소공간, 식당공간, 집회공간, 야외묵상공간, 기도공간, 예배공간 등 모든 공간이 선교라는 메시지로 디자인되어 있으며, 선교를 교육하고 준비하는 공간으로 기능을 수행하고 있습니다. 각기 다양한 기능들이 선교를 위한 도구로서 유기적인 형태로 모여 있는 구조입니다.

온누리교회는 한국 기독교 문화를 이끌어온 교회입니다. 또한 기독교 문화에 많은 새로운 시도를 해온 교회이기도 합니다. 이곳에도 새로운 개념을 시도한 공간이 있습니다. 바로 로비 공간인데, 새로운 시도로 ACTS29 비전빌리지에 독특함을 더하고 있습니다.

이곳에서는 열방을 세계 여러 나라의 국기로 표현하면서 LED 모듈을 사용하여 화이트 패널로 구현했습니다. 그래서 언뜻 보면 그냥 흰색의 패널 같지만 빛이 들어오면 명확하게 여러 나라의 국기들이 보이게 됩니다. 빛을 매개체로 하여 국기를 이용한 테크놀로지적인 공간을 연출하였습니다.

LED 모듈에 프로그래밍된 대로 아시아부터 아프리카, 유럽 국가의 국기들에 천천히 빛이 들어오고, 연출된 속도와 순서대로 국기들이 보입니다. 그리고 빛이 들어오는 국기와 같은 국기가 바닥에도 그림자로 비치게 됩니다. 보이지 않던 국기가 빛을 받아 밝은 빛을 발하게 되고, 그 빛이 반사되어 다시 다른 곳을 비춘다는 것을 표현하여, 복음이 전해질 때 하나님의 생명이 그 나라를 살리고 또 다른 나라에 전파된다는 스토리를 담아낸 것입니다. 그렇기에 우리가 세계 열방을 향하여 복음을 전하려 나아가야 한다는 메시지를 전하고 있습니다.

● ACTS29 비전빌리지 내부 모습

이 연출은 ACTS29 비전빌리지로 들어오는 방문객들이 이 국기들을 보면서 그 땅을 생각하고 기도할 수 있는 기회를 제공합니다. 또 이 공간을 위한 음악도 별도로 작곡하여 공간에 대한 몰입감을 높였고, 예루살렘과 온 유대와 사마리아와 땅끝까지 이르러 증인이 되라는 명령을 기억하게 합니다. 이렇게 열방에 빛을 비추는 연출은 이곳을 방문하는 이들에게 선교의 열정을 감성을 통해 경험하게 하고, 또한 이야기와 음향을 하나로 프로그래밍 하여 시즌에 따라 다르게 활용할 수 있도록 했습니다. 세계지도나 특별한 문구 없이도 지상명령 성취라는 본질적인 메시지를 효과적으로 전달하는 이 공간은 창의적인 공간 연출의 좋은 사례입니다.

10여 년 넘게 많은 교회를 상담하고 교회의 스토리를 공간에 디자인해온 제게는 선교라는 단어가 그리 특별하지 않게 느껴질 때도 있었습니다. 그만큼 많은 교회가 선교를 이야기하고, 누구나 선교를 말하기 때문일 수도 있습니다. 그러나 해가 지날수록 하나님을 전하는 선교가 얼마나 귀중하고 어려운 일인지 깊이 있게 생각하게 되었습니다. 제가 공간 한 곳 한 곳에 집중하고, 예배하고 기도하고 묵상하며 살아오고 있는 것도 선교라는 하나님의 명령에 순종하는 삶을 살기 위해서일 것입니다.

어떤 상황에서도 함께하시는 하나님

저에게는 어려운 숙제 같은 것이 있었습니다. 대학 시절 하나님을 인격적으로 만나고 기쁨과 행복으로 예배드리며 찬양하다가 집에 가기 위해 안양역에 내리면 번화가에서 술에 취한 사람들, 방황하는 사람들을 보게 되었고, 그들을 바라보면서 과연 이 땅이 변화될 수 있을까 하는 생각에 빠졌었기 때문입니다.

어떻게 하면 이 땅에 그리스도의 계절이 올 수 있을까? 정말 저들도 하나님을 예배할 수 있을까? 이렇게 사람들은 오늘도 하나님을 모르는 채 술과 향락을 좇아 살아가고 있는데, 내가 노력한다고 이 땅이 조금이라도 변화할까 하는 생각도 들었습니다. 더욱더 영적으로 황폐하고 잔인한 세상이 되어가는 것을 경험하면서, 내 노력이 공허한 외침이 되면 어떻게 할까 하는 두려움에 빠진 적도 있습니다.

디자이너로서 제 작품을 통해 하나님을 찬양하고 그것을 통해 복음을 전하는 삶을 살아가다 보면 때로는 힘에 부치고, 어떤 날은 왜 실력도 없는 저를 이렇게 사용하시려고 하는지 원망한 적도 있었습니다. 그럴 때마다 하나님께서는 제가 능력이 있다거나 저에게 무엇을 주시겠다고 응답하신 적이 없습니다. 당장의 어려움에서 저를 구하고자 기적을 행하신 적은 없지만, 하나님은 어떤 상황에서도 저와 함께해주시겠다고 답하셨습니다. 그리고 저는 이제 그것이야말로 기적이고, 은혜와 축복이라는 것을 깨닫게 되었습니다.

어떤 상황 속에서도 함께 기뻐해주시고 함께 아파해주시는 하나님께서는 언제나 저와 함께하겠다고 약속하시고 그 약속을 지켜주셨습니다. 저와 함께하시는 하나님으로 인해 지금의 제가 있고, 삶을 통해 예배할 수 있습니다. 그리고 그 하나님이 지금도 여러분과 함께하고 계십니다.

사람이 모이는 공간의 특징

정보와 지식을 향유하는 공간

독서량은 해를 거듭할수록 줄어들고 중소서점이 사라져가지만 책을 테마로 구성한 공간들은 오히려 늘어가고 인기를 더해가고 있다. 그것은 단순히 책을 공짜로 쉽게 읽을 수 있어서라기보다는 책이 주는 정보와 지식의 감성이 공간을 아우르기 때문이다.

현대카드 쿠킹 라이브러리

현대카드는 디자인, 트래블, 뮤직, 쿠킹 총 네 개의 주제로 라이브러리를 운영하며, 정보와 지식을 향유하는 공간을 각각의 콘셉트에 맞게 잘 활용하고 있다. 이 공간들은 책을 기본으로 하는 아날로그 감성과 책을 통한 영감을 회복하는 라이프스타일을 제안한다.

현대카드 라이브러리인 만큼 현대카드 회원 전용으로 운영하며 브랜드에 대한 충성도를 높이기 위해 도서 영역의 분류부터 도서 선정의 원칙과 도서 라벨, 청구 기호까지 운영 전반에 기존 도서관과 다른 현대카드만의 방식을 사용한다. 또 공간을 사용하는 이들에게도 창의성을 부여하고 있다.

네 개의 라이브러리 중 현대카드 쿠킹 라이브러리는 새로운 레시피를 탐색할 수 있는 공간이다. 미식의 즐거움을 한껏 누리게 해주는 레스토랑과 직접 요리를 체험하도록 돕는 친절한 주방으로, 종이책에만 납작하게 갇히지 않는 입체적이고 공감각적인 경험을 제공하고 있다.

공간에 머무는 동안 입과 눈은 즐거워지고, 신선한 지식과 건강한 영감으로 머리와 가슴까지 풍성하게 채울 수 있는 복합문화공간을 지향하고 있다.

1층은 델리와 식료품 코너, 2, 3층은 서가로 지역별, 재료별, 조리 방법별로 큐레이션한 1만여 권의 책이 마련되어 있다. 이 공간에서 가장 독특한 것은 150여 종의 실제 향신료와 허브를 비롯해 20종의 소금, 20종의 오일을 구비해놓은 '인그레디언츠 하우스(Ingredients House)'이다. 이 공간은 공간 속의 또 하나의 공간 형태로 실제로 향을 맡아보고 맛보며 체험할 수 있다.

북큐레이션 • 원하는 곳에서 꿈꾸고, 가슴 뛰는 삶을 살고 싶은 이들을 위한 책

《공간 사람을 모으다》와 함께 읽으면 좋을 책. 한 공간에 사람을 모으는 방법을 아는 사람이 세상의 주인공이 됩니다.

인테리어 재테크

이지현 지음 | 15,000원

1000만 원으로 시작하는 부동산 재테크

저자가 '하우스스타일링'이라는 개념을 생각해낸 것은 그녀의 경험에서 비롯된 것이다. 천성이 꾸미길 좋아하는 그녀는 첫 신혼집이 부동산에 나오자마자 바로 희망 임차인이 생긴 것이다. 저자는 하우스스타일링이라는 자신만의 투자방법을 착안하고 공실 없는 임대 수익을 올리고 있다. 초보라서 몰랐던 공인중개인 대하는 법, 하자 없는 집 고르는 법, 인테리어 하는 법 등 저자가 하나하나 시행착오를 거쳐 터득한 노하우를 이 책에 모두 담았다. 또한 그 어떤 책에서도 볼 수 없었던 공실 없이 원하는 임차인을 골라 임대를 놓는 방법을 소개하고 있다.

청년 목수

김현민 지음 | 12,000원

4차 산업혁명 시대에 살아남을 일자리, 인테리어 목수로 성공하기!

'목수'라고 하면 많은 사람이 공사 현장에서 일하는 비정규직으로 생각한다. 그러나 기술력과 설계 능력만 갖추면 고액 연봉을 버는 개인사업자로 활동할 수 있다. 저자는 성실하고 열정적으로 일해 현장에서 인정을 받았고, 지금은 실력 있는 업계 스페셜리스트가 되었다. 이 책에서는 스페셜리스트가 될 수 있는 '인테리어 목수'라는 직업에 대해 어떤 일을 하는지부터 입문하는 법, 성장형 목수가 되는 7가지 방법 등 자세한 정보를 제공한다. 저자의 경험담을 읽다 보면 자연스레 '인테리어 목수'가 되는 법을 터득할 수 있을 것이다.

사고 싶은 컬러 팔리는 컬러

이호정 지음 | 16,000원

백 마디 말보다 강력한 컬러의 힘!
"나는 텍스트가 아니라 컬러로 말한다"

컬러는 우리도 모르는 사이 우리의 마음을 지배하고 행동을 변화시킨다. 그래서 컬러를 잘 활용하면 말보다 강한 영향력을 나타낼 수 있다. 이 책은 사고 싶어지고 잘 팔리는 컬러의 8가지 법칙을 다양한 사례 연구를 통해 검증한 내용을 담고 있다. 고객 분석에서부터 브랜딩, 제품, 비주얼 머천다이징, 디지털 그리고 컨셉팅과 프로모션까지 다양한 각도에서 컬러 활용 효과를 설명하여 통합적인 관점에서 컬러를 이해할 수 있다. 그리고 컬러라는 새로운 인사이트를 통해 지금껏 생각하지 못했던 색다른 해결책을 찾을 수 있도록 도와줄 것이다.

광고인의 생각 훔치기

김종섭 지음 | 15,000원

국제 광고에서 수차례 상을 휩쓴 광고인이 알려주는
메시지 전달력을 최대로 높이는 광고 전략!

세상에 아이디어가 필요하지 않은 사람은 없다. 우리는 모두 브랜드의 주인이기 때문이다. 사업자등록증이 없어도 '나'라는 브랜드를 끊임없이 세상에 팔아야 한다. 사업자등록증이 있다면 폐업하는 순간까지 회사 브랜드를 팔아야 한다. 이미지가 전부인 시대다. 대세를 따라 페이스북도 해보고 인스타그램에도 뛰어들지만 생각만큼 쉽지 않다. 그저 그런 아이디어는 상대에게도 있다. 기존의 아이디어 수준을 뛰어넘는 '빅 아이디어'가 필요하다. 이 책이 당신에게 슈퍼 빅 아이디어를 가져다줄 것이다.